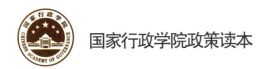

国家行政学院政策读本

国家环境保护政策读本
（第二版）

陈吉宁　马建堂　主编

国家行政学院出版社

图书在版编目（CIP）数据

国家环境保护政策读本/陈吉宁，马建堂主编．—2 版．—北京：国家行政学院出版社，2017.3

ISBN 978-7-5150-1938-3

Ⅰ.①国…　Ⅱ.①陈…②马…　Ⅲ.①环境保护政策—中国—教材　Ⅳ.①X-012

中国版本图书馆 CIP 数据核字（2017）第 042939 号

书　　　名	国家环境保护政策读本（第二版）
作　　　者	陈吉宁　马建堂　主编
责任编辑	吴蔚然
出版发行	国家行政学院出版社
	（北京市海淀区长春桥路 6 号　100089）
	（010）68920640　68929037
	http：//cbs. nsa. gov. cn
编 辑 部	（010）68928789
经　　　销	新华书店
印　　　刷	北京金秋豪印刷有限责任公司
版　　　次	2017 年 3 月北京第 2 版
印　　　次	2017 年 3 月北京第 1 次印刷
开　　　本	787 毫米×1092 毫米　16 开
印　　　张	17.75
字　　　数	225 千字
书　　　号	ISBN 978-7-5150-1938-3
定　　　价	68.00 元

本书如有印装质量问题，可随时调换。联系电话：（010）68929022

国家环境保护政策读本（第二版）

主　　编：陈吉宁　马建堂

执行主编：李干杰

副 主 编：陈　亮　王　刚　肖学智

前 言

党的十八大以来，以习近平同志为核心的党中央统筹推进"五位一体"总体布局和协调推进"四个全面"战略布局，牢固树立和贯彻落实创新、协调、绿色、开放、共享的发展理念，把生态文明建设和环境保护摆上更加重要的战略位置，认识高度、推进力度、实践深度前所未有，构建人与自然和谐发展的现代化建设新格局取得积极进展，生态文明建设展现出旺盛生机和光明前景。

生态文明是我们党遵循经济社会发展规律和自然规律，主动破解经济发展与资源环境矛盾，推进人与自然和谐，实现中华民族永续发展的重大成果。近年来，习近平总书记以宽广的全球视野、深远的使命担当，多次对生态文明建设和环境保护做出全面、系统、深入的阐述，有关重要讲话、论述、批示多达一百余次，提出一系列新理念、新思想、新战略，体现了我们党高度的历史自觉和生态文明自觉，反映了我们党新的执政观和政绩观，展示了我们党良好的执政能力和形象风貌。

在党中央、国务院的坚强领导下，以生态文明建设为指引，我国环境治理力度前所未有，进程加速推进，环境质量有所改善。但总体上看，我国环境保护仍滞后于经济社会发展，多阶段多领域多类型问题长期累积叠加，环境承载能力已经达到或接近上限，环境污染重、生态受损大、环境风险高，生态环境恶化趋势尚未得到根本扭转，环境问题的复杂性、紧迫性和长期性没有改变，生态环境已成为2020年全面建成小康社会的突出短板。

环境问题是经济问题、民生问题，也是政治问题。持续改善环境质量是一项艰巨紧迫、长期复杂的重大任务，关系到我们党的执政宗旨、执政能力和执政形象。2016年全国人大四次会议审议批准了《国民经济和社会发展第十三个五年规划纲要》，坚持用创新、协调、绿色、开放、共享五大发展理念为"十三五"谋篇布局，把推动形成绿色生产生活方式、加快改善生态环境作为事关全面小康、事关发展全局的重大目标任务进行部署。绿色发展是永续发展的必要条件和人民对美好生活追求的重要体现，着重解决的是经济发展与环境保护协调、人与自然和谐的问题，从根本上更新了关于自然资源无价的传统认识，打破了简单把发展与保护对立起来的思维束缚。环境保护与经济发展是一体融合的，抓环境保护就是抓发展，就是抓可持续发展，只有真正抓环境保护、深入抓绿色发展，才最终能够实现可持续发展。将绿色发展理念贯穿经济社会发展的方方面面，体现了党中央、国务院用硬措施应对硬挑战、加快补齐生态环境短板、提高发展质量和效益的决心和信心。

为反映党的十八大以来治国理政的一系列新理念、新部署、新要求，国家行政学院组织编写了国家政策系列教材，《国家环境保护政策读本》（以下简称"读本"）被列入第一批出版。读本坚持以习近平总书记系列重要讲话精神为统领，紧密围绕"五位一体"总体布局和"四个全面"战略布局，从生态文明建设、环境法律体系、环境管理的主要手段和大气、水、土壤污染防治，以及核安全、环境国际公约履约等十方面，集中概要反映了新时期新阶段我国生态文明建设和环境保护的决策部署和创新要求，突出体现环境保护领域工作重点。

读本第一版于2015年11月出版发行，发行后在国家行政学院作为中高级干部培训教材，获得良好反响。2016年，被推荐参加中组部第三届全国党员教育培训教材展示交流活动，并作为专家特别推荐干部培训好教材（共八种），入选中组部全国干部培训好教材推荐书目。

2016年，根据读本出版以来党和国家关于环境保护政策的新变化新要求，环境保护部和国家行政学院共同对读本内容进行修订更新，希望增加时效性和可操作性，能够对各级领导干部抓好管好当前和今后一个时期环境保护工作有所裨益。

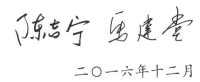

二〇一六年十二月

目　录

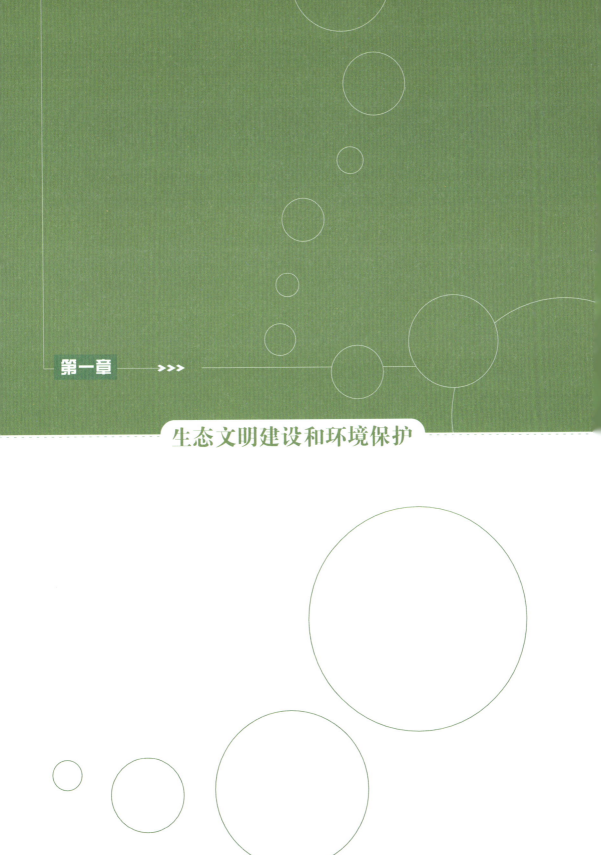

第一章 >>>

生态文明建设和环境保护

工业革命以来，人类社会在创造巨大物质财富的同时，也付出了沉重的资源环境代价，资源枯竭、环境污染、生态退化日益凸显，人与自然关系全面紧张，地球家园渐渐失去了昔日的美丽风采。

20 世纪 60 年代至 70 年代人类生态环境意识开始觉醒。联合国先后召开 1972 年首次人类环境会议、1992 年环境与发展大会、2002 年可持续发展世界首脑会议和 2012 年可持续发展大会，在全球层面寻求环境与发展问题的解决之道，推动可持续发展转化为各国行动。

中国历来高度重视环境保护。20 世纪 80 年代，将保护环境确立为基本国策，90 年代把可持续发展确立为国家战略。进入 21 世纪以来，提出树立和落实科学发展观，把生态文明建设纳入中国特色社会主义"五位一体"总体布局，做出大力推进生态文明、建设美丽中国的重大战略部署。

生态文明建设与环境保护是有机统一体，具有内在一致性。生态文明建设纳入中国特色社会主义事业"五位一体"总体布局，凸显了环境保护的战略地位；环境保护是生态文明建设的主力军和排头兵，承载着生态文明建设的历史担当。

第一节　生态文明的提出与发展

一、生态文明的源起

"生态文明"是由"生态"与"文明"两个词构成的复合概念。在一般意义上，"生态"是指生物之间以及生物与环境之间的相互关系和存在状态，即自然生态。自然生态有着自在自为的发展规律，人类社会运用这种规律的作用和条件，把自然生态纳入人类可以改造的范围之内，就形成了文明。

中国传统文化具有丰富的生态智慧，"天人合一"的儒家文化、"道法自然"的道家文化、"众生平等"的佛教文化，都以"和"为核心，追求人与自然的和谐统一，包含着生态文明的朴素思想。

20 世纪 70 年代至 80 年代，西方工业化达到其最高成就，同时也带来一系列问题，尤其是不良社会生产方式引起的生态环境恶化，给人类留下了惨痛的教训，引起学界的深刻反思，探索人与自然关系的新思潮随之孕育。

1978 年，德国法兰克福大学政治系伊林·费切尔（Iring Fetscher）教授在《论人类的生存环境》中首次提到了生态文明的概念，用以表达对工业文明和技术进步主义的批判。

1984 年，《莫斯科大学学报·科学共产主义》第 2 期登载《在成熟社会主义条件下培养个人生态文明的途径》一文，也使用了生态文明一词。

1987 年，我国著名生态学家叶谦吉在学术界首次明确生态文明的概念。

1995年，美国作家罗伊·莫里森在《生态民主》一书中明确使用生态文明（ecological civilization）的概念，并首次将生态文明作为工业文明以后的一种文明形式。

从文明的一般意义上讲，生态文明是人类在利用自然界的同时又主动保护自然界，积极改善和优化人与自然关系，建设良好的生态环境而取得的物质成果、精神成果和制度成果的总和。

生态文明在人类纵向发展进程中，是继原始文明、农业文明、工业文明后的文明形式；在横向统筹发展中，与物质文明、政治文明、精神文明共同构成人类文明的完整体系。

二、马克思主义生态观

马克思主义生态观主要包括三个层面。

一是辩证与实践的自然观。马克思、恩格斯认为，在人面前总是摆着一个"历史的自然和自然的历史"，随着人类物质生产实践水平的提高，人与自然不断走向统一，人与自然之间社会性地组织起来，通过物质性生产劳动而展开复杂的历史关系。要想理解一个时代的自然，就必须理解这个时代的社会制度关系，以及人与人之间的关系。同样，要想改变一个时代不合理的人与自然关系，也必须改变这个时代不合理的社会制度关系，以及人与人之间的关系。这是马克思、恩格斯对资本主义社会的"自然"进行辩证分析所得出的基本结论，也是马克思主义生态观的最基础观点。

二是唯物主义的生态自然观。马克思、恩格斯明确承认，无论人与自然的现实统一程度如何,"自然界的优先地位仍然保持着"。这不仅承认了自然及其规律的客观性和先在性,恩格斯的《自然辩证法》还强调了自然界相对于人类社会的根源性和整体性。恩格斯绝没有认为人类可以轻易地掌握与运用自然规律,更不认为人类可以无视和践踏自然规律,"我们不要过于得意我们对自然界的胜利。对于我们的每一次胜利,自然界都报复了我们"。

三是人与自然统一和谐的新社会。在马克思、恩格斯看来,资本主义社会不是、也很难成为一个人与自然和谐统一的社会,更不可能是一个生态可持续的社会。人与自然和谐发展的真正实现只能伴之以人与人社会关系的根本改变。在马克思、恩格斯设想的未来的共产主义理想社会中,共产主义的社会制度与新型人际关系将会为人与自然关系的现实展开提供崭新的框架形式。共产主义社会不仅是一个物质生产力高度发展和社会公正的社会,还是一个自觉认识与充分尊重自然环境制约和生态规律的生态理性社会。

三、新中国领导人对环境保护及生态文明建设的理论探索

就理论形态而言,生态文明是马克思主义关于人与自然学说在当代中国的最新发展和集中体现,是马克思主义同中国实际和时代特征相结合的产物,开辟了当代中国马克思主义发展新境界。

(一)毛泽东的环境保护理论

毛泽东坚持用马克思主义的理论、立场、观点看待人与自然的

关系，提出了关于环境保护的思想，认为人与自然之间是一种辩证关系的存在，既有和谐的一面，又有不和谐的一面，强调要正确地认识自然，掌握自然界的规律。认识自然的目的在于改造自然。

在特定历史时期，毛泽东在一定程度上看到了保护环境对于社会发展的意义。新中国成立后，毛泽东强调环境问题在社会发展建设中的重要作用，主张经济建设与生态环境建设同步进行，在《论十大关系》中指出，"天上的空气，地上的森林，地下的宝藏，都是建设社会主义所需要的重要因素。"在具体的环境保护问题上，毛泽东高度重视绿化、水土保持等工作，派出中国代表团参加了1972年联合国召开的人类与环境会议，并于1973年召开了第一次全国环境保护会议。周恩来在会上提出了"全面规划、合理布局、综合利用、化害为利、依靠群众、大家动手、保护环境、造福人民"的环境保护工作"三十二字方针"，并在《关于环境保护和改善环境的若干规定（试行草案）》和《中华人民共和国环境保护法（试行）》中以法律形式明确了下来，指明了环境保护的工作重点和方向，符合当时的国情和环境保护的实际，在相当长一段时期内对中国环境保护工作起到了积极促进作用。

（二）邓小平的环境保护理论

党的十一届三中全会之后，邓小平继承毛泽东关于环境保护的重要思想，提出"发展是硬道理"，强调在发展经济的同时，要注意人口、资源、环境协调发展，注意环境保护。

邓小平从战略性的高度看待环境问题，认为"自然环境保护等，都很重要"。邓小平一方面从经济发展与环境之间的良性互动关系，另一方面从环境保护对于子孙后代的重大意义上，强调环境保护的重要意义。从经济发展和环境的良性互动关系的角度看，提出要认真研究经济规律和自然规律，协调经济发展和生态环境的关系，把环境问题放在促进经济发展的角度来看待。不仅如此，邓小平更是从经济社会的持续发展和子孙后代幸福的角度看待环境保护，提出"植树造林，绿化祖国，造福后代"。

邓小平关于环境保护的思想中包含着许多环境保护的具体措施：一是强调环境保护的因地制宜性和生态适应性。二是严格控制人口增长，提高人口素质。三是合理利用资源，加强环境保护。四是加强环境保护的制度与法规建设。五是依靠群众，走群众路线。六是主张借鉴国际先进经验。强调在环境保护方面学习西方的先进经验，引进他们治理环境的先进技术。

（三）江泽民的环境保护理论

在邓小平理论的指导下，江泽民在中国特色社会主义现代化建设新的实践中，从中国实际出发，高度重视人与自然和谐发展，提出了"三个代表"重要思想，丰富和发展了马克思主义，为正确处理人与自然关系提供了理论指导。

江泽民把对于生态环境的认识提升到生产力发展和社会文明程度的高度。他在1996年7月召开的第四次全国环境保护工作会议上指出，保护环境的实质就是保护生产力，这方面的工作要继续加强。江泽民强调环境保护对于建设小康社会、对于整个中华民族发展的重要性。江泽民指出，离开了环境保护，全面建设小康社会的目标就无法实现。为此，他指出："如果环境保护国内工作抓得不好，环境受到污染或者破坏，就会直接影响到人民身体健康，影响生存的条件，甚至危及子孙后代的生存和发展。"

江泽民强调环境保护问题要按规律办事，自觉去认识和正确把握自然规律，实现经济建设和生态环境协调发展。他多次指出："环境保护很重要，是关系中国长远发展的全局性战略问题。""经济的发展，必须与人口、环境、资源统筹考虑，不仅要安排好当前的发展，还要为子孙后代着想，为未来的发展创造更好的条件，决不能走浪费资源和先污染后治理的路子，更不能吃祖宗饭、断子孙路。"

（四）胡锦涛的生态文明与环境保护理论

党的十六大以来，胡锦涛针对时代需要，结合时代实际，强调建设资源节约型、环境友好型社会，提出了科学发展观和生态文明建设的重大战略思想。2007年，"生态文明"首次进入中国共产党的宏观决策，党的十七大第一次把生态文明作为一项战略任务确定下来，明确提出，"建设生态文明，基本形成节约能源资源和保护生态环境的产业结构、增长方式、消费模式，生态文明观念在全社会牢固树立。"强调要坚持生产发展、生活富裕、生态良好的文明发展道路，建设资源节约型、环境友好型社会，实现速度和结构质量相统一、经济发展与人口资源环境相协调，使人民在良好生态环境中生产生活，实现经济社会永续发展。

胡锦涛曾全面系统深入地论述生态文明建设，科学揭示了生态文明建设的本质和目标，并将生态文明建设提升到与经济建设、政治建设、社会建设并列的战略高度，作为建设中国特色社会主义伟大事业总体布局的有机组成部分。胡锦涛指出：建设生态文明，实质上就是要建设以资源环境承载力为基础，以自然规律为准则，以可持续发展为目标的资源节约型、环境友好型社会。要以对国家、对民族、对子孙后代高度负责的精神，下最大决心、用最大力气推进生态文明建设，努力形成符合生态文明建设要求的生产方式和消费模式。

四、习近平对生态文明建设理论的丰富和发展

2012 年，党的十八大把生态文明建设提升到更高的战略层面，首次确立了经济建设、政治建设、文化建设、社会建设和生态文明建设"五位一体"的中国特色社会主义事业总体布局，首次提出并号召全国人民"努力建设美丽中国"和"努力走向社会主义生态文明新时代"，进一步指明了中国特色社会主义前进的方向和目标。

党的十八大以来，以习近平同志为核心的党中央统筹推进"五位一体"总体布局和协调推进"四个全面"战略布局，牢固树立和贯彻落实创新、协调、绿色、开放、共享的发展理念，把生态文明建设和环境保护摆上更加重要的战略位置，认识高度、推进力度、实践深度前所未有，构建人与自然和谐发展的现代化建设新格局取得积极进展，生态文明建设展现出旺盛生机和光明前景。

生态文明是我们党遵循经济社会发展规律和自然规律，主动破解经济发展与资源环境矛盾，推进人与自然和谐，实现中华民族永续发展的重大成果。近年来，习近平总书记以宽广的全球视野、深远的使命担当，多次对生态文明建设和环境保护做出全面、系统、

深入的阐述，有关重要讲话、论述、批示多达一百余次，提出一系列新理念、新思想、新战略，体现了我们党高度的历史自觉和生态文明自觉，反映了我们党新的执政观和政绩观，展示了我们党良好的执政能力和形象风貌。

2015 年 1 月 20 日，习近平总书记在云南考察洱海生态保护情况时同当地干部合影后说，立此存照，过几年再来，希望水更干净清澈

（一）生态文明建设的重大意义

习近平总书记指出，"生态兴则文明兴，生态衰则文明衰"。建设生态文明是关系人民福祉、关乎民族未来的大计，是实现中华民族伟大复兴的中国梦的重要内容。同时，也是加快转变经济发展方式、提高发展质量和效益的内在要求，是全面建成小康社会、建设美丽中国的时代抉择，是应对气候变化、维护全球生态安全的重大举措。面对资源约束趋紧、环境污染严重、生态系统退化的严峻形势，必须站在中国特色社会主义全面发展和中华民族永续发展的战略高度，来深化认识和大力推进生态文明建设，努力开创社会主义生态文明新时代。

（二）生态文明建设的根本要求

习近平总书记提出"绿水青山就是金山银山"和绿色发展理念，更新了关于生态与资源的传统认识，打破了简单把发展与保护对立起来的思维束缚，指明了实现发展和保护内在统一、相互促进和协调共生的方法论，带来的是发展理念和方式的深刻转变，也是执政理念和方式的深刻转变，为生态文明建设提供了根本遵循。推进生态文明建设就要坚持"两山论"和绿色发展理念，从根本上处理好经济发展与生态环境保护的关系，努力实现两者协调共赢。

（三）生态文明建设的目标指向

习近平总书记指出："环境就是民生，青山就是美丽，蓝天也是幸福。"建设生态文明既是民生，也是民意。随着社会发展和人民生活水平不断提高，良好生态环境成为人民生活质量的重要内容，在群众生活幸福指数中的地位不断凸显。建设生态文明的目标指向就是增加优质生态产品供给，让良好生态环境成为普惠的民生福祉，成为提升人民群众获得感、幸福感的增长点。

（四）生态文明建设的主阵地

习近平总书记指出，"要像保护眼睛一样保护生态环境，像对待生命一样对待生态环境"。推进生态文明建设，关键在于打破资源环境瓶颈制约、改善生态环境质量，生态环境保护必然是主阵地和主力军。我国正处在新型工业化、信息化、城镇化、农业现代化同步发展的进程中，发达国家在一二百年工业化发展过程中逐步显现和解决的环境问题在我国累积叠加，生态环境已经成为全面建成小康社会的突出短板。要加大环境治理和生态保护工作力度、投资力度、政策力度，以改善环境质量为核心，切实解决损害群众健康的突出环境问题。

（五）生态文明建设的系统观

习近平总书记强调，"山水林田湖是一个生命共同体"，"在生态环境保护上，一定要树立大局观、长远观、整体观，不能因小失大、顾此失彼、寅吃卯粮、急功近利"。这些重要论述从自然生态要素的空间系统性和生态环境保护的时间系统性两个维度，形成了生态文明建设的系统观。推进生态文明建设，必须按照生态系统的整体性、系统性及其内在规律，处理好部分与整体、个体与群体、当前与长远的关系，统筹考虑山上山下、地上地下、陆地海洋，以及流域上下游等所包含的自然生态各要素，进行整体保护、系统修复、综合治理。

（六）生态文明建设的国际视野

习近平总书记指出，"国际社会应该携手同行，共谋全球文明建设之路"。当今时代，绿色循环低碳发展成为世界潮流，生态文明对其他国家和地区也有借鉴意义。在 2013 年 2 月召开的联合国环境规划署第 27 次理事会上，我国生态文明理念被正式写入决议案文本。2016 年 5 月，联合国环境规划署发布《绿水青山就是金山银山：中国生态文明战略与行动》报告。我国在推进国内生态文明建设的同时，推动生态文明和绿色发展理念走出去，为发展中国家提供了可资借鉴的模式和经验，对国际环境与发展事业将产生重要影响。

五、生态文明的内涵与特征

　　作为人类文明的一种高级形态，生态文明以把握自然规律、尊重和维护自然为前提，以人与自然、人与人、人与社会和谐共生为宗旨，以资源承载力为基础，以建立可持续的产业结构、生产方式、消费模式以及增强可持续发展能力为着眼点，具有四个鲜明特征。一是在价值观念上，生态文明强调给自然以平等态度和人文关怀；二是在实践途径上，生态文明体现为自觉自律的生产生活方式；三是在社会关系上，生态文明推动社会和谐；四是在时间跨度上，生态文明是长期艰巨的建设过程。

　　生态文明建设具有多维度表征。在环境保护维度，生态文明建设与环境保护是有机统一体，具有内在一致性，生态文明建设的重要举措是环境优先、休养生息。在经济建设维度，生态文明建设在经济建设中的表征，是正确处理环境保护与经济发展的关系，转变发展方式和优化经济结构，从源头上防范环境污染，是绿色、循环、低碳经济。在政治建设维度，是不断完善生态环境相关法律法规，逐步推进生态环境保护法治化，将生态文明建设纳入全面建成小康社会的整体部署，将资源节约和环境保护融入综合决策和经济社会发展全局。在文化建设维度，生态文明对人们思维方式的变革、伦理道德观念的深刻变化和科学生活方式的形成都具有重大影响，体现出巨大的精神文明价值，也表明生态文明建设对文化建设的重新衡量与构建，体现为培育绿色和谐文化理念。在社会建设维度，生态文明建设通过环境公平促进社会和谐，从而实现人与自然和谐相处。

生态文明着眼于文明的可持续发展，蕴含了和谐、循环、协同、适度、优先、人文的内在规则，这是生态文明建设的理论出发点：坚持和谐原则，为提升人的素质、促进人的全面发展创造安全、健康的生态环境条件；坚持循环原则，从根本上解决发展与资源环境有限的矛盾；坚持协同原则，与经济、政治、文化、社会建设同步；坚持适度原则，为人类社会长远发展预留空间、积蓄潜力；坚持优先原则，实施严格的环境保护措施，加快转变发展方式和调整经济结构，提升经济社会发展质量；坚持人文原则，把重要生态系统看作是与人类密切相关又具有独立存在价值的生命体，给自然生态以人文关怀。

生态文明以全新的视野深化了中国共产党对社会主义建设规律、人类社会发展规律、人与自然发展规律的认识，形成了一系列紧密相连、相互贯通的新思想、新观点、新论断，在客观上形成了当代中国亟待破解的"什么是生态文明、为什么要建设生态文明、怎样建设生态文明"的社会主义生态文明建设理论体系。就历史地位而言，生态文明是中国共产党在世界范围内对全人类文明的创造性贡献。就其理论形态而言，生态文明是马克思主义关于人与自然学说在当代中国的最新发展和集中体现，是马克思主义同当代中国实际和时代特征相结合的产物，开辟了当代中国马克思主义发展新境界。

第二节　如何建设生态文明

2007年，党的十七大报告首次提出生态文明建设目标。2012

年，党的十八大报告首次明确提出"五位一体"总体布局，并提出
生态文明建设的四项具体措施，即优化国土空间开发格局、全面促
进资源节约、加大自然生态系统和环境保护力度、加强生态文明制
度建设。党的十八届三中、四中、五中全会均对生态文明建设提出
了明确要求。2015 年，党中央、国务院出台《关于加快推进生态文
明建设的意见》《生态文明体制改革总体方案》，对生态文明建设做
出了顶层设计和整体部署，进一步细化了生态文明建设的各项任务
及其时间表。国务院发布《大气污染防治行动计划》《水污染防治行
动计划》《土壤污染防治行动计划》。新修订的《环境保护法》《大气
污染防治法》相继实施。建设生态文明，关键就在于全面贯彻落实
党中央、国务院关于生态文明建设的新要求，发挥新环境保护法等
法律法规重要作用，加快推进和依法推进生态文明建设。

一、生态文明建设的主要内容

　　生态文明建设的主要内容就是要着力推进五个绿色化，即空间
布局绿色化、生产方式绿色化、生活方式绿色化、思想观念绿色化
和体制机制绿色化（见图 1－1）。空间布局绿色化是指要从空间供
给上做文章，合理划分生产、生活和生态空间，守住生态红线，增
加绿色空间，改善生态和环境质量。生产方式绿色化是要从产品
供给上做文章，通过加快推进科技创新，构建资源消耗低、环境污
染少的产业结构，从生产端降低单位产品的资源和环境成本。生
活方式绿色化是要加快推进形成节约、环保、低碳的生活方式和
消费模式，从消费端降低对产品的需求总量。思想观念绿色化是

要把生态文明观念纳入社会主义核心价值体系，加强宣传教育，通过道德软约束，形成人人、事事、处处、时时讲生态文明的社会风尚。体制机制绿色化是要加强组织牵头，协调各部门合作，通过规划、制度和法治等硬约束，对各类开发利用和保护自然资源、生态、环境的行为进行规范。

图 1-1　生态文明建设的五个"绿色化"

二、组织落实

建设生态文明，抓好组织落实，重在抓住总牵头、示范建设和整体推进三方面。一是要抓好总牵头，强化统筹协调。确保各级党委和政府对本地区生态文明建设负总责，一把手亲自抓，督促各有关部门密切协调配合，共同形成推进生态文明建设的强大合力，综合运用规划、政策、法律等手段，合理分配资源，既推进生态环境上台阶，又确保经济不滑坡。二是要明确重点，多点同步推进生态文明示范区建设。广泛学习其他地区的生态文明建设试点经验，不拘一格、多点同步推进生态文明先行示范区建设，共同探索生态文明建设的有效模式，及时总结、交流和推广好的经验。深化生态文明体制改革，持久推进生态文明建设示范区创建。三是要细化方案，整体推进。结合实际，抓紧提出细化的《意见》实施方案，把重点突破和整体推进相结合，逐项分解目标任务，狠抓落实。

三、整体推进

整体推进生态文明建设，应根据《关于加快推进生态文明建设的意见》里明确的 2020 年前应完成的主要目标，按照"五位一体"总体布局和"四个全面"战略布局，落实"五个坚持"基本原则的要求，着力抓好四项任务和四项保障（见图 1-2）。

五位一体	五个坚持	四项任务	四项保障机制
◎ 经济建设 ◎ 政治建设 ◎ 文化建设 ◎ 社会建设 ◎ 生态文明建设	◎ 把节约优先、保护优先、自然恢复为主作为基本方针 ◎ 把绿色发展、循环发展、低碳发展作为基本途径 ◎ 把深化改革和创新驱动作为基本动力 ◎ 把培育生态文化作为重要支撑 ◎ 把重点突破和整体推进作为工作方式	◎ 优化国土空间开发格局 ◎ 加快技术创新和结构调整 ◎ 促进资源节约循环高效使用 ◎ 加大自然生态系统和环境保护力度	◎ 健全生态文明制度体系 ◎ 加强统计监测和执法监督 ◎ 加快形成良好社会风尚 ◎ 切实加强组织领导

图 1-2 整体推进生态文明建设

（一）"五位一体"总体布局

根据党的十八大报告，生态文明建设的总体要求就是要坚持"五位一体"的中国特色社会主义事业总体布局，要"把生态文明建设放在突出的战略位置，融入经济建设、政治建设、文化建设、社会建设各方面和全过程"。生态文明建设是一个系统工程，必须打破部门、行业和地域界限，五位一体，系统谋划。

（二）"五个坚持"基本原则

根据《意见》要求，生态文明建设要遵守"五个坚持"的基本原则：一是坚持把节约优先、保护优先、自然恢复为主作为基本方针，二是坚持把绿色发展、循环发展、低碳发展作为基本途径，三是坚持把深化改革和创新驱动作为基本动力，四是坚持把培育生态文化作为重要支撑，五是坚持把重点突破和整体推进作为工作方式。既要立足当前突出问题，打好攻坚战，又要着眼长远，全面推进生态文明建设，久久为功。

（三）四项重点任务

"四项任务"是围绕"绿色空间"和"绿色生产"，从国土开发、技术创新、资源节约和生态环境保护四方面开展工作。

1. 优化国土开发

具体包括规划编制、绿色城镇、美丽乡村、海洋保护四方面。一是加强绿色规划。实施主体功能区战略，推动经济社会发展、城乡土地利用、生态环境保护等规划"多规合一"，禁止、限制、优化和重点开发的区域和产业，增加生活和生态空间。二是大力推进绿色城镇化。严控特大城市规模，增强中小城市承载能力，尊重自然格局，保护自然景观和特色风貌，提升节地、节能、节约和生态环保水平。三是加快美丽乡村建设。加强农村基础设施建设，支持农村环境整治，加快转变农业发展方式，加强生态环境保护和农村精神文明建设。四是要加强海洋资源科学开发和生态环境保护。科学编制海洋功能区划，控制海洋开发强度，积极发展海洋战略性新兴产业，严控陆源污染排海总量，加强海洋环境治理。

2. 推动技术创新和产业调整

具体包括推动科技创新、优化产业结构和发展绿色产业三方面。一是推动科技创新。建立符合生态文明建设领域科研活动特点的管理制度和运行机制，加强重大科学技术问题研究，强化企业技术创新主体地位，提高综合集成创新能力，支持生态文明领域工程技术类研究中心、实验室和实验基地建设，加强生态文明科技人才队伍建设等。二是优化产业结构。推动战略性新兴产业和先进制造业健康发展，采用先进适用节能低碳环保技术改造提升传统产业，发展壮大服务业，积极化解过剩产能，加快淘汰落后产能，推动传统能源安全绿色开发和清洁低碳利用，发展清洁能源、可再生能源，不断提高非化石能源在能源消费结构中的比重。三是发展绿色产业。大力发展节能环保产业，实施节能环保产业重大技术装备产业化工程，加快核电、风电、太阳能光伏发电等，大力发展节能与新能源汽车，发展有机农业、生态农业，以及特色经济林、林下经济、森林旅游等农林产业。

3. 促进资源节约

具体包括节能减排、循环经济和资源节约三方面。一是推进节能减排。推动重点领域、产业、单位节能减排，严格执行建筑节能标准，优先发展公共交通，推广节能与新能源交通运输装备，鼓励使用高效节能农业生产设备，开展节约型公共机构示范创建活动，继续削减主要污染物排放总量。二是发展循环经济。加快建立循环型工业、农业、服务业体系，实行垃圾分类回收，推进废弃物资源化利用，发展再制造和再生利用产品。三是加强资源节约。建设节水型社会，以水定需、量水而行，推广应用节地技术和模式，发展绿色矿业。

4. 加强生态环保

重点工作应包括生态修复、环境保护和应对气候变化三方面。一是保护和修复自然生态系统。加快生态安全屏障建设，形成生态安全战略格局。实施重大生态修复工程，扩大森林、湖泊、湿地面积，提高沙区、草原植被覆盖率，有序实现休养生息。加强水生生态系统和水生生物保护，推进风沙治理，实施地下水保护和超采漏斗区综合治理，强化农田生态保护，实施耕地质量保护与提升行动，实施生物多样性保护重大工程，积极参加生物多样性国际公约谈判和履约工作，加强自然保护区建设与管理，建立国家公园体制，研究建立江河湖泊生态水量保障机制。加快防灾减灾体系建设。二是全面推进污染防治。建立以保障人体健康为核心、以改善环境质量为目标、以防控环境风险为基线的环境管理体系。健全跨区域污染防治协调机制，加快解决大气、水、土壤污染等突出环境问题。加大城乡环境综合整治力度，推进重金属污染治理。开展矿山地质环境恢复和综合治理，妥善处理处置矿渣等大宗固体废物。建立健全化学品、持久性有机污染物、危险废物等环境风险防范与应急管理工作机制。切实加强核设施运行监管。三是积极应对气候变化。通过节约能源和提高能效，优化能源结构，增加森林、草原、湿地、海洋碳汇等手段，有效控制二氧化碳、甲烷、氢氟碳化物、全氟化碳、六氟化硫等温室气体排放。提高适应气候变化特别是应对极端天气和气候事件能力。推进低碳省区、城市、城镇、产业园区、社区试点。坚持共同但有区别的责任原则、公平原则、各自能力原则，积极参与应对气候变化国际谈判。

(四) 四项保障机制

"四项保障机制"主要围绕"绿色体制""绿色思想""绿色生活"，着力从法律制度、执法监督、社会风尚、组织领导等四方面为生态文明建设提供保障。

1. 健全生态文明制度体系

重点工作包括法律法规、标准体系、资源管控、环境监管、生态红线、经济政策、市场机制、生态补偿、政绩考核和责任追究十个方面。一是健全法律法规。全面清理现行法律法规中与加快推进生态文明建设不相适应的内容，研究制定节能、节水、应对气候变化、生态补偿、湿地保护、生物多样性保护、土壤环境保护等方面的法律法规，修订土地管理法等。二是完善标准体系。加快制定修订一批能耗、水耗、地耗、污染物排放、环境质量等方面的标准，提高建筑物、道路、桥梁等建设标准。环境容量较小、生态环境脆弱、环境风险高的地区执行污染物特别排放限值。鼓励制定更加严格的地方标准。建立与国际接轨、适应我国国情的能效和环保标识认证制度。三是健全自然资源资产产权制度和用途管制制度。严格节能评估审查、水资源论证和取水许可制度。坚持并完善最严格的耕地保护和节约用地制度等。完善矿产资源规划制度，有序推进国家自然资源资产管理体制改革。四是完善生态环境监管制度。建立严格监管所有污染物排放的环境保护管理制度。完善污染物排放许可证制度，禁止无证排污和超标准、超总量排污。违法排放污染物、造成或可能造成严重污染的，要依法查封扣押排放污染物的设施设备。对严重污染环境的工艺、设备和产品实行淘汰制度。实行企事业单位污染物排放总量控制制度，适时调整主要污染物指标种类，纳入约束性指标。健全环境影响评价、清洁生产审核、环境信息公开等制度。建立生态保护修复和污染防治区域联动机制。五是严守资源环境生态红线。树立底线思维，设定并严守资源消耗上限、环境质量底线、生态保护红线，将各类开发活动限制在资源环境承载能力之内。划定永久基本农田，严格实施永久保护。严守环境质量底线，将大气、水、土壤等环境质量"只能更好、不能变坏"作为地方各级政府环保责任红线。六是完善经济政策。健全价格、财税、金融等政策，激励、引导各类主体积极投身生态文明建设。七是推行市场化机制。加快推行合同能源管理、节能低碳产品和有机产品认证、能效标识管理等机制。推进节能发电调度，建立节能量、碳排放权交易制度，推动建立全国碳排放权交易市场。加快水权交易试点，全面推进矿业权市场建设，发展排污权交易市场。积极推进环境污染第三方治理。八是健全生态保护补偿机制。科学界定生态保护者与受益者权利义务，加快形成生态损害者赔偿、受益者付费、保护者得到合理补偿的运行机制。结合深化财税体制改革，加大对重点生态功能区的转移支付力度。建立地区间横向生态保护补偿机制。建立独立公正的生态环境损害评估制度。九是健全政绩考核制度。建立体现生态文明要求的目标体系、考核办法、奖惩机制。完善政绩考核办法，根据区域主体功能定位，实行差别化的考核制度。

根据考核评价结果，对生态文明建设成绩突出的地区、单位和个人给予表彰奖励。十是完善责任追究制度。建立领导干部任期生态文明建设责任制，完善节能减排目标责任考核及问责制度。严格责任追究，对违背科学发展要求、造成资源环境生态严重破坏的要记录在案，实行终身追责，不得转任重要职务或提拔，已调离的也要问责。

2. 加强生态文明建设统计监测和执法监督

重点工作包括加强统计监测和执法监督两个方面。一是加强统计监测。建立生态文明综合评价指标体系。加快推进对能源、矿产资源、水、大气、森林等的统计监测核算能力建设，实现信息共享。提高环境风险防控和突发环境事件应急能力，健全环境与健康调查、监测和风险评估制度。定期开展全国生态状况调查和评估。加大各级政府预算内投资等财政性资金对统计监测等基础能力建设的支持力度。二是强化执法监督。加强法律监督、行政监察，对各类环境违法违规行为实行"零容忍"，加大查处力度，严厉惩处违法违规行为。禁止领导干部违法违规干预执法活动。健全行政执法与刑事司法的衔接机制，加强基层执法队伍、环境应急处置救援队伍建设。强化对资源开发和交通建设、旅游开发等活动的生态环境监管。

3. 加快形成推进生态文明建设的良好社会风尚

主要工作包括提高生态文明意识、培育绿色生活方式、鼓励公众参与三方面。一是提高全民生态文明意识。加强宣传、教育和培训，使生态文明成为社会主流价值观，成为社会主义核心价值观重要内容。二是培育绿色生活方式。倡导勤俭节约的消费观。广泛开展绿色生活行动，推动全民在衣、食、住、行、游等方面加快向勤俭节约、绿色低碳、文明健康的方式转变，坚决抵制和反对各种形式的奢侈浪费、不合理消费。严格限制发展高耗能、高耗水服务业。在餐饮企业、单位食堂、家庭全方位开展反食品浪费行动。党政机关、国有企业要带头厉行勤俭节约。三是鼓励公众积极参与。完善公众参与制度，及时准确披露各类环境信息。健全举报、听证、舆论和公众监督等制度。建立环境公益诉讼制度。在建设项目立项、实施、后评价等环节，有序增强公众参与程度。引导生态文明建设领域各类社会组织健康有序发展，发挥民间组织和志愿者的积极作用。

4. 切实加强组织领导

主要工作包括建立协调机制、探索有效模式、开展国际合作和抓好落实督查四方面。一是强化统筹协调。各级党委和政府对本地区生态文明建设负总责，要建立协调机制，各有关部门要按照职责分工，密切协调配合。二是探索有效模式。抓紧制定生态文明体制改革总体方案，深入开展生态文明示范区建设，及时推广有效做法和成功经验。各地区要抓住制约本地区生态文明建设的瓶颈，在生态文明制度创新方面积极实践，力争突破。三是广泛开展国际合作。加强与各国在生态文明领域的对话交流和务实合作，引进先进技术装备和管理经验，加强南南合作，开展绿色援助。树立负责任大国形象，把绿色发展转化为新的综合国力、综合影响力和国际竞争新优势。四是抓紧推进意见落实方案的实施。各级党委和政府及中央有关部门按照意见要求制定的实施方案要确保其各项政策措施落到实处。

专栏——生态保护红线

为什么要划出生态红线？

自然生态环境是人类生存的根基，每人每天所需的水、空气、食物均来源于此。同时，自然生态环境的承载能力是有限的，迄今人类还无法再造和复制，因此，一旦崩溃，人类将面临灭顶之灾。然而人的欲望是无限的，发展也常常带有一定的盲目性，必须加以约束，增强我们的安全底线意识。生态环境安全底线和其他领域的安全底线一样，不容突破。习近平总书记指出，"要牢固树立生态红线的观念。在生态环境保护问题上，就是要不能越雷池一步，否则就应该受到惩罚。"

如何划定生态保护红线？

根据2015年5月环境保护部印发的《生态保护红线划定技术指南》并结合2015年11月环境保护部和中国科学院联合印发的《全国生态功能区划（修编版）》中各生态功能区特点，划定红线。2016年5月，国家发展改革委等九部委联合印发了《关于加强资源环境生态红线管控的指导意见》。根据意见要求，要统筹考虑资源禀赋、环境容量、生态状况，合理设置红线管控指标，构建红线管控体系，科学划定并严守资源消耗上限、环境质量底线、生态保护红线。由国务院主管部门会同相关部门和地方确定资源环境生态红线管控目标、分解方案，报国务院批准后实施；鼓励地方出台严于国家要求的红线管控办法；加强管控情况评估、督查、监测、统计和预警；明确责任，纳入政绩考核体系。2016年10月，环境保护部印发了《全国生态保护"十三五"规划纲要》，也对加快生态红线划定做出了明确要求，要按照自上而下和自下而上相结合的原则，科学划定生态保护红线，到2020年要基本建立生态保护红线制度。

如何守住生态保护红线？

守住生态保护红线，主要应着力抓好五个方面。一是要保证生态保护红线能落地。生态保护红线落地要越细越好。二是要制定负面清单。在红线划定的区域里要严格管控，明确哪些方面的活动不允许做。三是要明确责任。对于红线的管控，中央部委有责任，各级政府、省、市、县甚至到乡镇都要有相应的管控责任要求。四是要建立有效的管控平台。目前国家正在搭建生态红线管控平台，通过卫星监测，地面检查，及时发现哪些行为越了红线，造成了破坏。五是要严格责任，奖惩分明。我国财政部门已设定了生态补偿机制对重点生态功能区进行补偿，受补偿区域有责任把这个区域保护好，对补偿到位但却没有保护到位的地方，要追究责任。

严格管控生态红线

保证红线落地	制定负面清单	明确责任	建立管控平台	奖惩分明
越细越好最好到乡镇	明确禁止行为、设定活动限度	中央部委、各级政府、甚至乡镇都有管控责任	天地一体化监管越线行为	实施生态补偿、保护不到位追责

四、生态文明建设的中国实践

党中央、国务院对生态文明和环境保护做出一系列重大决策部署，各地区各部门认真贯彻落实，全社会积极响应行动，生态文明建设扎实推进、成效明显。

生态文明建设顶层设计已经形成。党的十八大把生态文明建设纳入中国特色社会主义事业"五位一体"总体布局。十八届三中全会提出紧紧围绕建设美丽中国深化生态文明体制改革。十八届四中全会要求用严格的法律制度保护生态环境。十八届五中全会审议通过"十三五"规划建议，中共中央、国务院出台《关于加快推进生态文明建设的意见》《生态文明体制改革总体方案》，共同形成今后相当一段时期中央关于生态文明建设的长远部署和制度构架。2016

年全国两会审议批准"十三五"规划纲要,将生态环境质量总体改善作为全面建成小康社会的目标,提出加强生态文明建设的重大任务举措。这些文件的密集出台,描绘了中央关于生态文明建设的顶层设计图,为深入推进工作指明了方向。

生态文明建设制度体系逐步完善。"十三五"规划纲要提出实行最严格的环境保护制度,党中央、国务院出台生态文明体制"1+6"改革方案,明确要求建立健全八方面的制度,形成生态文明建设和体制改革"组合拳"。中央环境保护督察在16个省份开展,生态环境监测网络建设和事权上收稳步推进,生态环境损害赔偿制度改革、自然资源资产负债表编制、自然资源资产离任审计等制度试点陆续启动,生态文明建设"党政同责""一岗双责"正在落地。以新修订的《环境保护法》《大气污染防治法》出台为标志,环境法治建设迈上新台阶。2015年,环境保护部对33个市(区)开展综合督查,公开约谈15个市级政府主要负责同志。全国实施按日连续处罚、查封扣押、限产停产案件8 000余件,移送行政拘留、涉嫌环境污染犯罪案件近3 800件。

环境治理和生态保护进程加快。国务院发布实施《大气污染防治行动计划》《水污染防治行动计划》《土壤污染防治行动计划》,以坚定决心和扎实行动推进环境治理,促使主要污染物排放总量继续下降,环境质量有所改善。2015年,首批实施新环境空气质量标准的74个城市细颗粒物(PM 2.5)平均浓度比2013年下降23.6%,地表水国控断面劣V类水质比例比2010年下降6.8个百分点。截至2015年年底,我国城镇污水日处理能力达1.82亿吨,成为全世界污水处理能力最大的国家之一。实施天然林资源保护、退耕还林还草等生态修复工程，森林覆盖率由 21 世纪初的 16.6％上升到 21.66％。推进生态文明建设示范区创建，16 个省（区、市）开展生态省建设，1 000 多个市（县、区）开展生态市县建设。

开发格局和发展方式不断优化。坚持预防为主、守住底线，推动转方式调结构。预防是环境保护的首要原则，主体功能区、生态红线、战略和规划环评、环境标准，都是重要的手段。积极实施主体功能区战略，从布局和结构上守住生态环保底线。重要生态功能区、生态环境敏感区、脆弱区的生态环境一旦被破坏，往往难以恢复，甚至可能永久丧失生态服务功能，必须加快生态保护红线划定。目前全国 31 个省（区、市）均已开展划定工作。战略和规划环评对生产力科学布局具有导向和约束作用，"十二五"期间，国家层面完成了西部大开发、中部地区发展战略环评；开展了 360 多项规划环评，对 150 余个项目环评文件不予审批。现行有效国家环境保护标准达1 700多项，对重点地区重点行业执行更加严格的污染物特别排放限值，在推动技术创新和企业升级方面发挥了重要作用。

全社会生态文明意识明显增强。加强生态环境保护宣传，及时主动公开环境质量、企业排污、项目环评审批等信息，拓宽群众参与渠道和参与范围。各级党委、政府和广大党员干部做好生态环保工作的责任意识明显增强。公众在衣食住行各个方面尊重自然、爱护环境的行为更加自觉。

五、继续推进生态文明建设的重点举措

"十三五"时期，我们将以改善环境质量为核心，实行最严格的

环境保护制度，不断提高环境管理系统化、科学化、法治化、精细化和信息化水平，确保 2020 年生态环境质量总体改善。

大力推进绿色发展。处理好经济发展与环境保护的关系，在寻找新动能和处理老问题之间把握好力度，实现改革、发展、稳定和保护之间的平衡协调。健全环境预防体系，划定并严守生态保护红线，完善环境标准和技术政策体系，探索绿色循环低碳发展新模式，把环境保护真正作为推动经济转型升级的动力，把生态环保培育成新的发展优势。

以打好三大战役来增加优质生态产品供给。坚决打好大气、水、土壤污染防治攻坚战和持久战，推动环境质量改善，提供更多优质生态产品。要重点推进产业结构调整，加强散煤和机动车治理，加强区域联防联控，强化重污染天气应对。狠抓饮用水安全保障，解决城市黑臭水体等突出问题。开展土壤污染状况详查，以农用地和建设用地为重点，实行分级分类管控。

深入推进各项改革。改革的核心是建立起一套行之有效的体制机制，明确政府、企业、公众的责任，形成内生动力。开展中央环保督察，对重点地区重点问题开展环保综合督查，严格生态环境损害责任追究。推进省以下环保机构监测监察执法垂直管理。上收环境监测事权，建立全国统一实时在线环境监控系统。运用市场手段推进环境治理与保护，鼓励各类投资进入环保市场。

大力推进全社会共治。动员和支持公众积极践行低碳、环保、绿色的生活方式。全面推动环境监测、执法、审批、企业排污等信息公开，解决信息公开中"企业拖、政府推、干部躲"等问题，让政府和企业的环境责任在公开透明中接受群众的监督。

第三节　生态文明建设与环境保护的关系

一、生态文明建设与环境保护是有机统一体

生态文明建设与环境保护是有机统一体，具有内在一致性。生态文明建设包含着环境保护，环境保护是建设生态文明的内在要求，生态文明是环境保护的理想境界。中国特色社会主义，既是经济发展、政治清明、文化昌盛、社会公正的社会，也是生态良好的社会。中国的现代化是人类历史上如何破解发展和保护矛盾的一个新实践，要求我们转变发展观念，把握好经济发展和环境保护之间的关系，遵循自然规律。自然规律与经济规律是有机统一的，违背自然规律，也会违背经济规律，最终要受到经济规律的惩罚。

生态文明建设纳入中国特色社会主义事业"五位一体"的总体布局，凸显了环境保护的战略地位，意味着必须把生态环保要求融入经济建设、政治建设、文化建设、社会建设的各方面和全过程，把环境保护放在经济社会发展全局中来考虑、来谋划，以科学思维、系统思维和法治思维，加快深化环保领域改革，努力创造新的增长点，提高经济社会制度的生态化水平，探索实践绿色发展、循环发展、低碳发展的新模式，促进传统产业生态化改造，推动构建科技含量高、资源消耗低、环境污染少的产业结构，引领节能环保产业发展，形成新的经济增长点，完善生产者责任延伸制度，结合"互联网＋"行动计划实施，推行绿色供应链管理，推进绿色包装、绿色采购、绿色物流、绿色回收，大幅减少生产和流通过程中的能源资源消耗和污染物排

放，推动形成人与自然和谐发展的现代化建设新格局。

2016 年发布的《国民经济和社会发展第十三个五年规划纲要》用创新、协调、绿色、开放、共享五大发展理念为"十三五"谋篇布局，把推动形成绿色生产生活方式、改善生态环境作为事关全面小康、事关发展全局的重大目标任务进行部署，充分体现了新时期治国理政的新气象、新境界、新思路，是我国生态文明建设和环境保护走向深入的重要载体。

规划纲要指出，坚持创新发展、协调发展、绿色发展、开放发展、共享发展，是关系我国发展全局的一场深刻变革。五大发展理念是具有内在联系的集合体，其中绿色发展作为五大发展理念之一，是永续发展的必要条件和人民对美好生活追求的重要体现，着重解决的是经济发展与环境保护协调、人与自然和谐的问题。习近平总书记提出的"绿水青山就是金山银山"的"两山论"，从根本上更新了关于自然资源无价的传统认识，打破了简单把发展与保护对立起来的思维束缚。环境保护与经济发展是一体融合的，抓环境保护就是抓发展，就是抓可持续发展，只有真正抓环境保护、深入抓绿色发展，才能够最终实现可持续发展。

绿色发展既是把生态文明建设深刻融入经济、政治、文化、社会建设各方面和全过程的全新发展理念，也是实现发展和保护内在统一、相互促进和协调共赢的方法论；既是正确处理人与自然关系的必由之路，也是推进可持续发展的内生动力；既是立足我国发展大局和长远的必然抉择，也是对世界发展新趋向、新潮流的深刻把握。从领域看，绿色发展涉及经济社会发展的各方面和全过程，涉及各地方、各部门、各行业、各阶层，不只是环境保护部门的事。

从主体看，推动绿色发展不能靠政府一家唱独角戏，需要政府、企业、社会共同行动。从机制看，良好的体制机制是绿色发展的强大动力和保障，重中之重是在体制机制上更好地解决发展和保护的矛盾。从支撑看，绿色发展必须坚持创新驱动，构建科技含量高、资源消耗低、环境污染少的产业结构和生产方式，大幅提高经济绿色化程度。将绿色发展理念贯穿经济社会发展的方方面面，体现了党中央、国务院用硬措施应对硬挑战、加快补齐生态环境短板、提高发展质量和效益的决心和信心。

二、环境保护是生态文明建设的主力军和排头兵

环境保护承载着生态文明建设的历史担当。环境保护事关民生福祉、事关中华民族伟大复兴和永续发展，是生态文明建设的主力军和排头兵。大力推进环境保护就是推进和加强生态文明建设的过程。生态文明建设的成效首先体现在环境保护上，环境保护取得的任何进展、任何突破、任何成效，都是对生态文明建设的积极贡献。

随着经济社会发展水平的不断提高，人民群众对清新空气、清澈水质、清洁环境等生态产品的需求越来越迫切，生态环境越来越珍贵，对环境保护提出了更高的要求。环境质量一头连着民生福祉，一头连着经济发展，与老百姓的幸福指数和发展质量紧密相连，环境质量改善是环境保护的核心。必须强化做好环境保护的责任担当，用硬措施应对硬挑战，出重拳用铁腕，下大气力、持之以恒、久久为功，抓出一批人民群众看得见、摸得着、能受益的治理成果，让人民群众切实感受到环境可以变好、污染可以治理，不断满足人民

群众对环境保护的新期待，为人民群众创造良好生产生活环境。

三、严峻的生态环境形势要求全面加强环境保护工作

党的十八大以来，在党中央、国务院的领导下，我国环境治理力度前所未有，进程加速推进，环境质量有所改善。但总体上看，我国环境保护仍滞后于经济社会发展，多阶段、多领域、多类型问题长期累积叠加，环境承载能力已经达到或接近上限，环境污染重、生态受损大、环境风险高，生态环境恶化趋势尚未得到根本扭转，环境问题的复杂性、紧迫性和长期性没有改变。

我国经过改革开放以来三十多年的快速发展，积累下来的生态环境问题日益显现，进入高发频发阶段，比如全国江河水系、地下水污染和饮用水安全问题不容忽视，有的地区重金属、土壤污染比较严重，全国频繁出现大范围长时间的雾霾污染天气等。在一定时期和一些地区，生态恶化的范围在扩大，程度在加剧，危害在加重；生态环境建设中边治理边破坏、点上治理面上破坏、治理赶不上破坏的问题仍很突出；生态环境整体功能在下降，抵御各种自然灾害的能力在减弱。这些突出环境问题对人民群众生产生活、身体健康带来严重影响和损害，社会反响强烈，由此引发的群体性事件不断增多。总的来说，生态环境在群众生活幸福指数中的地位不断凸显，环境问题日益成为重要的民生问题，老百姓正从过去"盼温饱"到现在"盼环保"，从过去"求生存"到现在"求生态"。

生态环境形势如此严峻，主要是由粗放型的经济增长方式造成的。长期以来，我国依托资源环境、劳动力及后发优势，走的是压

缩型、追赶型的快速工业化道路，各种环境问题在短期内集中暴发。由于经济结构不合理，传统的资源开发利用方式仍未根本转变，重开发轻保护、重建设轻管护的思想仍普遍存在，以牺牲生态环境为代价换取眼前和局部利益的现象在一些地区依然严重，对生态环境造成了巨大压力。此外，环境保护管理体制不顺、机制不健全、法制不完善、基础薄弱、力量不足也是重要原因。

我国的生态环境形势不容乐观

环境污染是民生之患、民心之痛，出重拳强化污染防治，是建设美丽中国的重要任务。必须打好大气、水、土壤污染治理三大战役，充分发挥环境保护优化经济发展的综合作用，以改善环境质量为核心，按照系统化、科学化、法治化、精细化、信息化思路，创新环境管理方式，推进环境管理战略转型，统筹推进生态与农村环保、固废和化学品、核与辐射安全、环境国际公约履约等方面工作，全面加强环境保护工作。

四、全面深化生态环境保护领域改革

环境治理是依法治国的有力抓手，亟待深刻、系统的制度改革。我国环境形势依然严峻，老的环境问题尚未得到解决，新的环境问题又不断出现，呈现明显的结构型、压缩型、复合型特征，环境质量与人民群众期待还有不小差距。这迫切要求抓好生态环境保护领域改革，充分发挥体制的活力和效率，为解决生态环保领域的深层次矛盾和问题提供体制保障。改革是推动发展的强大动力，也是建设生态文明和美丽中国的真正驱动力。

全面深化生态环境保护领域改革，要大力推动简政放权。以生态环保职能优化整合和事权合理划分为突破口，着力统筹监管环境保护、生态保护与污染防治、国际与国内环境问题，全面增强生态环保管理体制的统一性、权威性、高效性、执行力。

全面深化生态环境保护领域改革，要创新环境治理体制机制。必须把制度建设作为重中之重，要以资源环境生态红线管控、自然资源资产产权和用途管制、自然资源资产离任审计、生态补偿等重大制度为突破口，深化体制改革，建立系统完整的制度体系。要坚持山水林田湖是一个生命共同体的系统思想，对自然资源进行统一保护、统一修复、统一管护。搞好顶层设计，从生产、流通、分配、消费全过程入手，制定和完善环境经济政策，形成激励与约束并举的长效机制。

　　全面深化生态环境保护领域改革，要建立独立而统一的环境监管体系。我国行政区域之间跨界污染纠纷多年来难以解决。要建立统一监管所有污染物排放的环保管理制度，对工业点源、农业面源等全部污染源排放的所有污染物，对大气、土壤、地表水等所有纳污介质，加强统一监管。有序整合不同领域、部门、层次的监管力量，有效进行环境监管和行政执法。建立陆海统筹的污染防治区域联动机制，加快建立健全区域协作机制。

　　全面深化生态环境保护领域改革，要推动建立生态文明制度体系。要制定推动生态文明建设的考核体系，不简单以国内生产总值增长率论英雄，把资源消耗、环境损害、生态效益等体现生态文明建设状况的指标纳入经济社会评价体系，建立体现生态文明要求的目标体系、考核办法、奖惩机制。对那些不顾生态环境盲目决策、造成严重后果的人，必须追究其责任，而且应该是终身追究。要加快推进生态保护红线划定工作。进一步建立和完善生态补偿机制，从生态补偿资金与途径等方面着手，保障经济与环境保护的平衡发展。

第二章 >>>

环境法律体系

国家治理现代化关键在法治化，治理现代化的过程本身就是法治化的过程，法治化也是衡量治理现代化的重要标准，环境治理体系也不例外，环境法治建设是国家环境治理体系现代化不可或缺的组成部分。现行环境法律体系是在生态文明理念指导下的，以宪法为基础，由法律、行政法规、地方性法规、行政规章、地方规章及国际环境保护公约等规则和条约组成，兼具生态保护和污染防治两大核心功能的制度体系。特别是现行《中华人民共和国环境保护法》，吸纳了国际可持续发展先进理念，贯彻了"山水林田湖"系统保护思维，按照新发展理念构建了一系列生态环境保护制度，是行政机关执法依据，也是企业和公民守法准则。

第一节　中国环境法律体系结构和组成

一、概述

1973 年，我国召开第一次全国环境保护会议，首次把环境保护提上了国家管理的议事日程，会议拟定的《关于保护和改善环境的若干规定（试行草案）》是我国环境保护基本法的雏形，规定了"全面规划、合理布局、综合利用、化害为利、依靠群众、大家动手、保护环境、造福人民"的环境保护方针,并就环境保护主要工作做了较为全面的规定。随着1989年《中华人民共和国环境保护法》生效实施,我国进入环境立法活跃期,以颁布实施单行法为主要特征,弥补了各个立法领域的空白,基本实现了环境保护工作各方面均有法可依。这一时期的环境法以工业污染防治为主要目标,以行政强制为主要手段,具有明显的行政依附性和经济依附性特征。

2014年4月24日,十二届全国人大常委会第八次会议表决通过了《中华人民共和国环境保护法》(以下简称"新环保法"),于2015年1月1日生效施行。至此,这部中国环境领域的基础性法律完成了二十五年来的首次修订。这也让环保法律与时俱进,开始服务于公众对依法建设"美丽中国"的期待。与以往环境立法相比,新环保法在立法理念上充分贯彻了生态文明的战略思想,明确了国家应采取促进人与自然和谐的经济、技术政策和措施,要求经济社会发展要与环境保护相协调。生态环境保护工作不再被认为是优化经济增长的手段和工具,环境保护法也开始具有独立的价值诉求,体现了良好的生态环境质量已经成为美丽中国的重要组成部分和执政为民的重要价值取向之一。

目前,我国的环境保护法律法规(见图2-1),是在先进的生态文明理念指引下,与世界可持续发展理念相适应,以宪法为基础,以《环境保护法》为核心,以《大气污染防治法》《水污染防治法》《海洋环境保护法》《环境噪声污染防治法》《固体废物污染环境防治法》《放射性污染防治法》《环境影响评价法》等防治污染单行法和《野生动物保护法》《森林法》《草原法》《水法》等自然资源保护单行法为支撑，以民法刑法等相关部门法、行政法规、地方性法规和地方政府规章为保障，以我国已经加入的国际公约中环境法律规范为补充，形成一个相互联系、相互制约的完整系统。法的效力等级为：宪法＞法律＞行政法规＞地方性法规、部门规章、地方政府规章，地方性法规＞本级和下级地方政府规章。

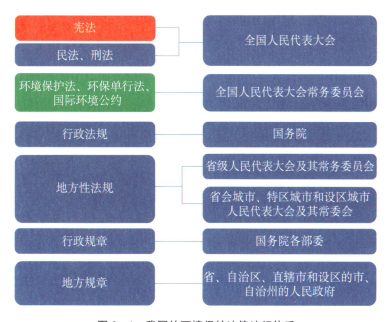

图 2-1　我国的环境保护法律法规体系

二、《环境保护法》是我国环境保护法律体系的核心

《环境保护法》是一部综合性法律。《环境保护法》不是环境保护部门的法，而是包括环境保护部门在内的政府相关职能部门，以及军队环境保护部门、企事业单位及其他生产经营者和每个公众都必须遵守的一部综合性法律。生态环境是典型的公共产品，一切单

位和个人都有保护环境的义务，地方政府是提供和维护公共产品的第一责任主体，经济活动则是环境损害的直接原因，因此《环境保护法》规定"地方各级人民政府应当对本行政区域的环境质量负责"，"企业事业单位和其他生产经营者应当防止、减少环境污染和生态破坏，对所造成的损害依法承担责任"。

《环境保护法》不仅约束政府和企业，也约束公众。保护环境不仅是政府职责和企业责任，保护环境，人人有责，每个人既是生态环境质量下降的受害者，也是环境污染和生态破坏的参与者。因此《环境保护法》规定"公民应当增强环境保护意识，采取低碳、节俭的生活方式，自觉履行环境保护义务""公民应当遵守环境保护法律法规，配合实施环境保护措施，按照规定对生活废弃物进行分类放置，减少日常生活对环境造成的损害"等。

《环境保护法》是统领型的基础法律，而非专门法。环保法规范了人与生态系统的关系，而生态系统是一个整体，山水林田湖需要统一保护、统一修复，污染防治和生态保护需要一部法律统领进行统筹一体化监管。单行法由于角度不同或历史局限，在有些规定上不统一，甚至相抵触，比如环境监测，按照各自职责，国土部门开展地下水质监测，水利部门开展地表水量检测，海洋部门开展海水水质监测，气象部门开展酸雨监测，缺乏统一布局、统一标准，对外发布的监测信息容易出现矛盾，给环境管理造成困难。这些问题均在新环保法中予以制度安排，实现统筹兼顾，起到统领作用，且为下一步单行法的制修订留有空间和接口。

三、单行法、部门法和国际公约是我国环境保护法律
体系不可分割的组成部分

1. 环境与资源保护单行法

单行法是针对特定的保护对象，如某种环境要素或特定的环境社会关系而进行专门调整的立法。它以宪法和环境保护基本法为依据，又是宪法和环境保护基本法的具体化。单行环境法规一般都比较具体详细，是进行环境管理、处理环境纠纷的直接依据。单行环境法规在环境法体系中数量最多，占有重要地位，如大气污染防治法、水污染防治法等。

2. 部门法

由于环境保护的广泛性，专门环境立法尽管数量上十分庞大，但仍然不能把涉及环境保护的社会关系全部加以调整，在一些部门法中，如民法、刑法、经济法、劳动法、行政法，也包含不少关于环境保护的法律规范，这些法律规范既是环境法体系的重要组成部分，也是环境管理的支撑和保障。随着国家环境管理手段的丰富综合，除传统的行政管制手段外，大量的经济激励、财政支持、税收优惠、绿色金融等手段在其他部门法中予以体现和落实，如《循环经济促进法》《旧电器电子产品流通管理办法》《环境税法（草案）》《关于构建绿色金融体系的指导意见》等法律和政策都体现了将环境成本内部化的思想和趋势。

3. 国际环境公约和条约

由于许多环境问题具有全球性特征，如解决气候变化、生物多

样性、海洋以及汞污染等问题需要全球共同努力，因此在这些领域各国达成一些国际环境公约或条约，如《淘汰消耗臭氧层物质蒙特利尔议定书》及其修正案（基加利修正案）、《气候变化巴黎协定》《名古屋遗传资源议定书》《关于汞的水俣公约》等，在中国签署并经立法机构（全国人民代表大会常务委员会）批准后即成为中国法律的有机组成部分。

四、党的政策、国民经济和社会发展规划及司法解释是中国环境法律体系特有的组成部分

1. 党中央和国务院的环保政策

共产党作为执政党，在执政过程中会有一些政策先行先试，待成熟后再制定法律推而广之，如《生态文明体制改革总体方案》《大气污染防治行动计划》《水污染防治行动计划》《土壤污染防治行动计划》等政策规定虽不是法律法规，但也具有相当程度的强制执行力属性。

2. 国民经济和社会发展规划

我国每五年会制定一个国民经济和社会发展规划，是全国经济、社会发展的总体纲要，规划统筹安排和指导全国社会、经济、文化建设工作，是具有战略意义的指导性文件，其中国家环境保护五年规划是指导生态环境保护工作的重要文件，包含约束性指标，也属于法律法规体系的组成部分。

3. 司法解释

中国的司法解释特指由最高人民法院和最高人民检察院根据法

律赋予的职权，对审判和检察工作中具体应用法律所做的具有普遍司法效力的解释。如《最高人民法院、最高人民检察院关于办理环境污染刑事案件适用法律若干问题的解释》《最高人民法院关于审理环境侵权责任纠纷案件适用法律若干问题的解释》等，不仅填补了存在的法律漏洞，而且为法官裁判案件提供了更为具体、明确的规则依据，具有普遍约束力。

第二节　生态文明理念下环境保护立法理念和特征

一、体现保护优先理念

1989年环境保护法第四条规定"国家采取有利于环境保护的经济、技术政策和措施，使环境保护工作同经济建设和社会发展相协调"，现行环境保护法则修改为"国家采取有利于节约和循环利用资源、保护和改善环境、促进人与自然和谐的经济、技术政策和措施，使经济社会发展和环境保护相协调"。从"环境保护工作同经济建设和社会发展相协调"到"使经济社会发展与环境保护相协调"，对环境与经济关系认识的重新定位，反映了生态文明理念指引下执政理念的巨大变化，是对发展内涵的重新诠释。

二、强化政府环保责任

地方政府是地方经济发展的推动者，有些地方政府为了发展经济、招商引资，对企业环境违法监管不严，导致环境污染或者生态破坏严重。因此，现行环保法突出强化政府环保责任，促使地方政府平衡经济发展和环境保护关系，规定了地方政府是环境责任的首要承担者，且政府履行责任接受公众监督，下级政府履行责任接受上级政府监督，政府履行责任接受人大的监督。还引入了引咎辞职制度，面对重大的环境违法事件，地方政府分管领导、环境保护部门等监管部门主要负责人要引咎辞职。

2016 年 9 月 22 日，中共中央办公厅、国务院办公厅正式印发《关于省以下环保机构监测监察执法垂直管理制度改革试点工作的指导意见》，对环保法规定的政府环境保护责任做了具体落实和细化，拟从改革环境治理基础制度入手，解决制约环境保护的体制机制障碍，标本兼治，加大综合治理力度，推动环境质量改善。

三、突出政府、企业、公众共治

现行环保法除了突出强化地方政府环境保护责任外，也通过落实信息公开、保障公众参与、确立公益诉讼等多种手段构建多元共治现代治理体系。

首先是扩大信息公开，落实公众参与。现行环保法第五章第五十三条明确规定："公民、法人和其他组织依法享有获取环境信息、参与和监督环境保护的权利"。《环境保护公众参与办法》（2015 年 7 月 2 日）、新《大气污染防治法》等法律法规规定了多种手段推动环境信息公开，保障公众拥有知情权和监督权，有助于降低环境保护管理成本，提高环境保护管理实效。

其次是确立了公益诉讼制度。环境公益诉讼通过对污染企业提起公益诉讼督促其遵守法律，有助于地方政府开展环境执法工作，及时纠正不法企业的环境违法行为。目前，全国有 300 余家有资格提起环境公益诉讼的社会组织，大大增强了社会力量在环境违法行为监督体系中的作用，对推动环境违法行为的公众监督有着极为重要的意义。

四、完善环境经济政策

汲取我国环境管理先进实践经验，现行环保法规定了多种经济手段，通过财政、税收、价格、政府采购等政策和措施，内化企业污染治理成本，促进企业环保技术创新。如第二十一条支持环保产业、第二十三条支持企业关停补偿、第三十一条生态补偿、第五十二条环境污染责任险和第五十四条的绿色信贷等手段，有效弥补了传统环境管理主要依赖行政和法律的强制手段、缺乏正向激励机制、效果有限的不足。

五、加大违法排污惩处

为着力解决环境保护领域"守法成本高、违法成本低"的突出问题，除经济激励政策外，现行环保法还突出强化违法者责任。如第五十九条的按日计罚制度，第六十条的责令停业、关闭制度，第六十三条的行政拘留制度，以及严重情况下构成犯罪的，依照刑法追究刑事责任。第六十五条还规定了环境影响评价、环境监测等中介机构的连带责任，有助于提高环境中介机构和环境社会运营机构的社会公信力。

知识链接——2016 年 1 月至 9 月《环境保护法》配套办法执行情况

环境保护部于 2014 年 12 月 19 日发布《环境保护主管部门实施按日连续处罚办法》《环境保护主管部门实施查封、扣押办法》《环境保护主管部门实施限制生产、停产整治办法》和《企业事业单位环境信息公开办法》。公安部会同环境保护部、农业部、工业和信息化部、国家质量监督检验检疫总局于 2014 年 12 月 24 日制定印发了《行政主管部门移送适用行政拘留环境违法案件暂行办法》。

2016 年 1 月至 9 月，全国实施五类案件总数 11 767 件，其中，按日连续处罚案件共 529 件，罚款数额达 55 397.02 万元；查封扣押案件 5 133 件；实施限产、停产案件 2 434 件；移送行政拘留 2 313 起；涉嫌犯罪移送公安机关案件 1 358 起。

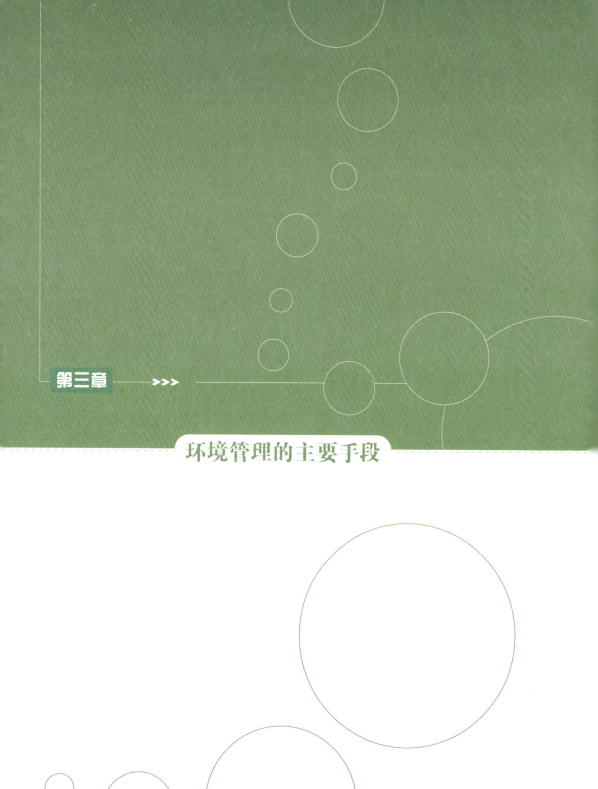

第三章

环境管理的主要手段

"十三五"时期是全面建成小康社会的决胜阶段，我国环境保护处于既大有作为又负重前行的关键期。要紧紧围绕统筹推进"五位一体"总体布局和协调推进"四个全面"战略布局，牢固树立和贯彻落实创新、协调、绿色、开放、共享发展理念，以改善环境质量为核心，以生态文明体制改革为动力，实行最严格的环境保护制度，不断提高环境管理系统化、科学化、法治化、精细化、信息化水平，加快推进生态环境治理体系和治理能力现代化，确保 2020 年生态环境质量总体改善。

第一节　以改善环境质量为核心

当前，我国环境管理面临着前所未有的发展与环境之间的矛盾，环境承载能力达到或接近上限，环境质量已成为全面建成小康社会的突出短板。《国民经济和社会发展第十三个五年规划纲要》（以下简称"'十三五'规划纲要"）将"生态环境质量总体改善"纳入总体目标，要求以提高环境质量为核心，以解决生态环境领域突出问题为重点，加大生态环境保护力度，提高资源利用效率，为人民提供更多优质生态产品，协同推进人民富裕、国家富强、中国美丽。

环境质量改善是生态环境保护的根本目标，也是评判环境保护工作的最终标尺。党中央做出以改善环境质量为核心、实现生态环境质量总体改善等一系列决策部署,这就是环保工作的政治,就是大局。环保一切工作都要讲政治,从大局出发思考问题,把以改善环境质量为核心,谋划好、细化好、落实好,并且要以政治纪律来坚守。明确以改善环境质量为核心,可以使环境治理成效与老百姓的感受更加贴近,让人民群众有明显的获得感;可以更好地调动地方积极性,让地方的环境治理措施更有针对性;可以更好地统筹运用结构优化、污染治理、总量减排、达标排放、生态保护等改善环境质量的多种手段,形成工作合力和联动效应。

"十三五"期间,必须将以改善环境质量为核心贯穿到环境保护工作各领域。要强化质量目标导向,完善以改善环境质量为核心的目标及考核评价体系,将环境质量指标作为地方党委、政府的硬约束,严格考核问责。同时,坚持实事求是,充分调动地方的积极性、主动性和创造性,提高地方治理的科学性、系统性和针对性,解决突出的环境问题。

《环境保护法》明确规定,"地方各级人民政府,应当对本辖区的环境质量负责,采取措施改善环境质量","地方各级人民政府应当根据环境保护目标和治理任务,采取有效措施,改善环境质量"。目前,我国已制定的国家环境质量标准包括《环境空气质量标准》《地表水环境质量标准》《地下水环境质量标准》《土壤环境质量标准》等。2015年8月新修订的《大气污染防治法》明确提出,防治大气污染应当以改善大气环境质量为目标,地方政府对辖区大气环境质量负责,环境保护部对省级政府实行考核,未达标城市政府应当编制限期达标规划,上级环境保护部门对未完成任务的下级政府负责人实行约谈，以及区域限批等一系列制度措施，为大气污染防治工作全面转向以质量改善为核心提供了法律保障。

第二节　实行严格的责任追究制度

党的十八大以来，习近平总书记多次强调要健全生态环境保护责任追究制度，以坚决的态度和果断的措施遏止对生态环境的破坏。十八届三中全会《中共中央关于全面深化改革若干重大问题的决定》提出建立生态环境损害责任终身追究制。十八届四中全会《中共中央关于全面推进依法治国若干重大问题的决定》强调，要按照全面推进依法治国的要求，用严格的法律制度保护生态环境；建立重大决策终身责任追究制度及责任倒查机制。向污染宣战，要实行最严格的责任追究制度，强化约束性指标考核，加大资源消耗、环境保护等指标的权重，推动环境监管从"督企"到"督企"与"督政"并重转变。

一、推进环境保护"党政同责"和"一岗双责"

2015 年 5 月，党中央、国务院印发了《关于加快推进生态文明建设的意见》，明确提出"严格责任追究，对违背科学发展要求、造成资源环境生态严重破坏的要记录在案，实行终身追责，不得转任重要职务或提拔使用，已经调离的也要问责。对推动生态文明建设工作不力的，要及时诚勉谈话；对不顾资源和生态环境盲目决策、造成严重后果的，要严肃追究有关人员的领导责任；对履职不力、监管不严、失职渎职的，要依纪依法追究有关人员的监管责任"。

2015年7月，中央全面深化改革领导小组审议通过《党政领导干部生态环境损害责任追究办法》，首次在国家层面明确提出环境保护"党政同责"，《党政领导干部生态环境损害责任追究办法》将"终身追究"作为生态环境损害责任追究的一项基本原则，而且明确提出实行生态环境损害责任终身追究制，规定对违背科学发展要求、造成生态环境和资源严重破坏的，责任人不论是否已调离、提拔或者退休，都必须严格追责。《党政领导干部生态环境损害责任追究办法》规定对情节较轻的给予诫勉、责令公开道歉；情节较重、严重的给予组织处理、党纪政纪处分；涉嫌犯罪的，移送司法机关依法处理。在责任追究结果运用上，规定受到责任追究的党政领导干部，取消当年年度考核评优和评选各类先进的资格；受到调离岗位处理的，至少一年内不得提拔；单独受到引咎辞职、责令辞职和免职处理的，至少一年内不得安排职务，至少两年内不得担任高于原任职务层次的职务；受到降职处理的，至少两年内不得提升职务。同时受到党纪政纪处分和组织处理的，按照影响期长的规定执行。

针对以往责任追究启动难、实施难的问题，《党政领导干部生态环境损害责任追究办法》做了三个方面的规定。

一是明确了责任追究的启动和实施程序。各级政府负有生态环境和资源保护监管职责的工作部门要主动作为，发现有规定的追责情形的，必须按照职责依法对生态环境和资源损害问题进行调查，在根据调查结果依法作出行政处罚决定或者其他处理决定的同时，对相关党政领导干部应负责任和处理提出建议，按照干部管理权限将有关材料及时移送纪检监察机关或者组织（人事）部门。需要追究党纪政纪责任的，由纪检监察机关按照有关规定办理；需要给予诫勉、责令公开道歉和组织处理的，由组织（人事）部门按照有关规定办理。

案例——腾格里沙漠腹地排放污水案

　　腾格里沙漠位于内蒙古、宁夏和甘肃交界处，自2014年9月以来，相继曝出内蒙古阿拉善盟腾格里工业园部分企业、宁夏中卫明盛染化公司、宁夏中卫工业园区部分企业、甘肃武威市荣华工贸有限公司等企业通过私设暗管，将未经处理的污水排入沙漠腹地，对腾格里沙漠生态环境造成严重危害。

　　经检察机关提起公诉，法院对明盛染化有限公司判处罚金500万元，对其法定代表人廉兴中判处有期徒刑一年六个月，缓刑两年，并处罚金5万元。国家和甘肃有关部门经调查认定，武威市委、市政府负重要领导责任，凉州区委、区政府负主要领导责任，甘肃省环保厅负重要监管责任，武威市环保局负主要监管责任，凉州区环保局负直接监管责任，有关部门对14名国家机关工作人员依法依纪追责。

　　二是建立了协作联动机制。负有生态环境和资源保护监管职责的工作部门、纪检监察机关、组织（人事）部门要加强沟通协作，形成工作合力。司法机关在生态环境和资源损害等案件处理过程中发现有本办法规定的追责情形的，应当向有关纪检监察机关或者组织（人事）部门提出处理建议。

　　三是设置了对启动和实施主体的追责条款。政府负有生态环境和资源保护监管职责的工作部门、纪检监察机关、组织（人事）部门对发现本办法规定的追责情形应当调查而未调查，应当移送而未移送，应当追责而未追责的，追究有关责任人员的责任。这是《办法》的又一亮点，目的在于形成一个闭环系统，强化追责者的责任，确保对生态环境损害行为"零容忍"。完善领导干部目标责任考核制度，把生态环境质量状况作为党政领导班子考核评价的重要内容，形成齐抓共管的工作格局，实现发展与环境保护的内在统一、相互促进。督促企业落实环境治理的主体责任，严格执行环保法律法规和制度，加强污染治理设施建设和运行管理。

二、完善以环境质量改善为核心的目标及考核评价体系

环境保护目标责任制和考核评价制度，是对政府及有关部门依法履行环保职责的重要监督手段。上级政府或其委托的部门，根据本地区环境总体目标，结合实际情况制定若干具体目标和配套措施，分解到所辖地方政府、部门或者单位，签订责任书，并将责任书公开，接受社会监督。考核对象包括两个部分，一是本级人民政府负有环境保护监督管理职责的部门及其负责人，包括但不限于环境保护主管部门及其负责人；二是下级人民政府及其负责人。为了加强考核的针对性，考核部门一般会配套制定相应的考核办法。

知识链接——《环境保护法》关于目标责任制和考核评价制度的规定

第六条　地方各级人民政府应当对本行政区域的环境质量负责。

第二十六条　国家实行环境保护目标责任制和考核评价制度。县级以上人民政府应当将环境保护目标完成情况纳入对本级人民政府负有环境保护监督管理职责的部门及其负责人和下级人民政府及其负责人的考核内容，作为对其考核评价的重要依据。考核结果应当向社会公开。

第二十七条　县级以上人民政府应当每年向本级人民代表大会或者人民代表大会常务委员会报告环境状况和环境保护目标完成情况，对发生的重大环境事件应当及时向本级人民代表大会常务委员会报告，依法接受监督。

　　"十二五"期间，经国务院授权，环境保护部与各省级人民政府、新疆生产建设兵团和8家中央企业分别签订《"十二五"主要污染物总量减排目标责任书》，所列项目包括新建1 184座城镇污水处理厂（日处理总能力4 570万吨）、4亿千瓦火电机组建设脱硝设施，以及一大批造纸、印染、钢铁、水泥等治理工程。环境保护部每年两次组织对各地和中央企业集团减排完成情况进行考核，并对存在突出问题的省份、地市和企业集团采取公开通报、环评限批、责令限期整改、扣减环保电价款、追缴排污费等一系列处罚和问责措施。"十二五"以来，我国共对130个地方政府或企业进行了相应处罚，其中3个省份、5个企业集团、9个地市被环评限批。通过依法实施严格考核，确保了减排责任的落实。

　　"十三五"规划纲要提出"十三五"期间"生态环境质量总体改善"目标，要坚持环境质量这个核心和根本，着重明确省、市、县生态环境质量要求。强化质量目标导向，完善以环境质量改善为核心的目标及考核评价体系，将环境质量指标作为对地方党委政府的硬约束，严格考核问责。

三、开展环境保护督察

　　建立环保督察工作机制是建设生态文明的重要抓手，是党中央、国务院为加强环境保护工作采取的一项重大举措，对加强生态文明建设、解决人民群众反映强烈的环境污染和生态破坏问题具有重要意义。2015年7月，中央全面深化改革领导小组第十四次会议审议通过了《环境保护督察方案（试行）》，要求严格落实环境保护主体责任，完善领导干部目标责任考核制度，追究领导责任和监管责任。要把环境问题突出、重大环境事件频发、环境保护责任落实不力的地方作为先期督察对象，近期要把大气、水、土壤污染防治和推进生态文明建设作为重中之重。强化环境保护"党政同责"和"一岗双责"的要求，对问题突出的地方追究有关单位和个人责任。

环境保护督察主要通过切实落实地方党委和政府在环境保护方面的主体责任，来加快解决突出环境问题，促进环保产业的发展，推动发展方式向绿色低碳转变。环境保护督察主要有三方面特点。第一，层级高。方案明确环境保护督察组的性质是中央环境保护督察。第二，实行党政同责。落实中央关于生态文明的决策部署，各级党委和政府负有同样的责任，方案明确了主要督察的对象是各省级党委和政府及其有关部门。第三，强调督察结果的应用。督察结束后，重大问题要向中央报告，督察结果要向中央组织部移交移送，其结果作为被督察对象领导班子和领导干部考核评价任免的重要依据。存在这六方面情形需要追究党纪政纪责任的，会按程序向纪检监察部门移送。

2015年，环境保护部已对33个市（区）开展环境保护综合督察，公开约谈15个市级政府主要负责同志；各地对163个市开展综合督察，对31个市进行约谈、20个市（县）实施区域环评限批、176个问题挂牌督办，不仅解决了一批突出环境问题，而且把环境保护的责任压力层层落实下去、传递下去。

到2018年，环境保护部将完成一轮对省级党委政府及其部门的环保督察，实现全国各省（区、市）全覆盖。对于环境问题突出的地区，还将报请国务院同意后开展专项督察。同时，环境保护部要求各省（区、市）环境保护部门 2016 年对 30％以上的市级政府开展综合督察，强化环保督政。到 2020 年各省（区、市）完成一轮对市县党委政府及其部门的环保综合督察。

四、建立健全环境损害赔偿制度

党的十八大和十八届三中、四中全会将生态环境损害赔偿作为生态文明制度体系建设的重要组成部分，要求实行最严格的损害赔偿制度，把环境损害纳入经济社会发展评价体系。《关于加快推进生态文明建设的意见》进一步提出，建立独立公正的生态环境损害评估制度，加快形成生态损害者赔偿、受益者付费、保护者得到合理补偿的运行机制，形成源头预防、过程控制、损害赔偿、责任追究的制度体系。

2015 年 11 月，中共中央办公厅、国务院办公厅印发《生态环境损害赔偿制度改革试点方案》（以下简称"《试点方案》"）。生态环境损害赔偿制度改革的目的是健全生态环境损害赔偿制度，使违法企业承担应有的赔偿责任，使受损的生态环境得到及时的修复，破解"企业污染、群众受害、政府买单"的不合理局面。2016 年 4 月，国务院批准在吉林、江苏、山东、湖南、重庆、贵州、云南七省市开展生态环境损害赔偿制度改革试点。

当前，生态环境损害赔偿制度改革的主攻方向包括以下几个方面。

1. 省级政府成为生态环境损害赔偿工作的主力军

《试点方案》明确了省级政府为本区域的赔偿权利人，对责任人提起索赔。省级政府可以确定相应的机构负责此项工作，在工作中可以采用磋商的形式，也可以直接提起诉讼。

2. 加快建立健全生态环境损害鉴定评估技术体系

环境保护部先后印发了《环境损害鉴定评估推荐方法》《突发环境事件应急处置阶段环境损害评估推荐方法》《生态环境损害赔偿技术指南 总纲》《生态环境损害赔偿技术指南 损害调查》等技术文件，初步形成环境损害鉴定评估技术体系。但还需要通过改革试点，在实践基础上进一步规范完善。

3. 探索生态环境损害赔偿资金管理制度

目前生态环境损害赔偿资金管理方面没有国家统一规定，对赔偿资金的使用和环境修复费用的支付形成了一定的制约。七省市在实施方案中均提出了探索生态环境损害赔偿资金管理的相应措施。

4. 完善生态环境损害赔偿诉讼规则

一是程序性规则强调特殊性。各试点地方根据工作实际在管辖、证据保全、先予执行、执行监督等诉讼程序性规则方面做出特殊规定。二是责任承担要求多样性。三是鉴定评估突出专业性。《试点方案》要求研究制定鉴定评估管理方法和技术规范，保障独立开展生态环境损害鉴定评估，并做好与司法程序的衔接。

第三节　试点省以下环保机构监测监察执法垂直管理制度

实行省以下环保机构监测监察执法垂直管理制度，是党中央在生态环保领域做出的一项重大决策，是对我国环保管理体制的一次重大改革，有利于增强环境监管的统一性、权威性、有效性，可以从体制机制上解决一些地方轻环保、干预环保监测监察执法，有法不依、执法不严、违法不究等问题。

2016年9月，党中央、国务院印发《关于省以下环保机构监测监察执法垂直管理制度改革试点工作的指导意见》，正式启动省以下环保机构监测监察执法垂直管理制度改革。2016年开展以省为单位的地方垂直管理试点，在2018年6月底前基本完成此项改革，为"十三五"时期的工作留下空间和时间。

实行省以下环保机构监测监察执法垂直管理制度，首先从体制设计上解决干预。一是省级环境保护部门直接管理市（地）级环境监测机构，确保生态环境质量监测数据真实有效。二是市（地）级统一管理行政区域内的环境执法力量，依法独立行使执法权，执法重心实现下移，强化查企。其次从人、财、物保障上解决干预。一是驻市（地）环境监测机构的人、财、物管理在省级环保厅（局），市（地）无任何支配权。二是县级环保机构以及监测执法机构的人、财、物管理在市级环保局，县级无任何支配权。最后从领导干部管理权限上解决干预。

此外，要加强跨区域跨流域环境管理，整合设置市辖区环境监测和执法机构，推行区域流域统一监测执法。同时，鼓励按流域设置环境监管和行政执法机构、跨地区环保机构，加强跨区域跨流域环境污染联防联控。具体而言，主要包括三个方面内容。一是要求试点省区市积极探索按流域设置环境监管和行政执法机构、跨地区环保机构，有序整合不同领域、不同部门、不同层次的监管力量。二是试点省区市，省级环境保护部门牵头建立健全区域协作机制，推行跨区域跨流域环境污染联防联控,加强跨区域跨流域联合监测、联合执法、交叉执法,来推动跨区域跨流域环境问题解决。三是鼓励市(地)级党委政府在全市域范围内按照生态环境系统完整性实施统筹管理,统一规划、统一区划、统一标准、统一环评,整合设置跨市辖区的环境执法和环境监测机构。

第四节 推进环保科技创新

科学技术是解决环境问题的利器,只有通过环境科技创新,才能实现关键技术的突破、共性技术的推广和节能环保产业的快速发展,从而打好大气污染防治、水污染防治和土壤污染防治的环保"三大战役",加快我国的环境管理以污染减排为目标向环境质量改善为目标转型,有力地推动生态文明建设。

《国家环境保护"十二五"科技发展规划》提出了水污染防治、大气污染防治、生态保护、固体废物污染防治与化学品管理、土壤污染防治、清洁生产与循环经济、环境与健康、环境监管技术、环境基准与标准、核与辐射安全、全球环境问题研究和战略性新兴环保产业等12个重点领域及48个优先主题。"十二五"期间,国家进一步加大科技投入和环境保护投入,利用多种资金渠道对上述重点领域的科技研究进行了有力支持,使环保科技工作取得了突破性进展,在环境管理和污染治理中发挥了重要的支撑作用。

"十三五"期间,环保科技工作要紧紧抓住"支撑环境质量改善"这个牛鼻子,推进环保科技体制改革,加强理论创新、技术革新和管理创新，大力推进成果的推广和应用，让创新成果转化为现实的环境保护能力，努力为提升环境管理的系统化、科学化、法治化、精细化和信息化水平提供科技支撑。

实现"生态环境质量总体改善"的发展目标，必须依靠科技进步和科技创新。

一是要建立持续改善环境质量的科技支撑体系。按照大气、水、土壤污染防治三大战役要求，以问题为导向，以质量改善为核心，组织实施好水专项"十三五"计划、大气污染成因与控制技术重点专项，并尽快启动土壤污染防治重点专项，探明污染成因与作用机理等科学问题，突破以质量为约束的污染负荷削减、环境修复以及区域联防联控技术。

二是要建立环境风险防控的科技基础体系。在当前全力改善环境质量的同时，着力解决损害群众健康的突出环境问题，不断降低环境风险水平。加快推进污染物的环境基准研究，建立国家环境基准体系；深入研究复合污染生态效应，建立环境风险评估、监测预警和控制技术体系；加强区域/流域环境风险预测与模拟技术研发，形成区域/流域环境风险防控技术体系。

三是要建立充满活力的环保科技成果转化体系。建设和完善国家环境保护重点实验室、工程技术中心和科学观测研究站等创新平台，建立开放的环保科技基础数据和科技成果信息共享平台，建立健全成果转移转化和技术扩散机制，大力推进事业单位科技成果使用、处置和收益管理改革，推动形成有利于环保产业发展的投融资环境。在水环境领域，继续推进实施水专项，突出水专项目标导向。重点关注水生态系统完整性和水陆统筹、河湖一体化问题，加强综合防治体系研究和修复技术研究与工程示范。同时，加强地下水监测与监管、近岸海域污染防治等研究。

第五节　强化环境预防措施

预防为主是环境保护的首要原则。主要包括五个方面措施：一是划定生态红线，为我们的发展安全、为我们的子孙后代留下资源、留下空间；二是开展战略和规划环评，规划地区发展的同时规划环境约束；三是具体项目上要进行严格的项目环评；四是用标准来引导产业发展，严格环境准入；五是推动产业结构调整，避免产业结构偏重、粗放、低端带来的环境问题。

一、划定并严守生态保护红线

"生态保护红线"是继"18亿亩耕地红线"后，又一条被提到国家层面的"生命线"。通过红线划定优化发展的空间布局，守住生态环境安全的空间底线，为我们的发展安全、为我们的子孙后代留下资源、留下空间。

2016年5月，国家发展改革委等九部委印发《关于加强资源环境生态红线管控的指导意见》，要求根据涵养水源、保持水土、防风固沙、调蓄洪水、保护生物多样性，以及保持自然本底、保障生态系统完整和稳定性等要求，兼顾经济社会发展需要，划定并严守生态保护红线。依法在重点生态功能区、生态环境敏感区和脆弱区等区域划定生态保护红线，实行严格保护，确保生态功能不降低、面积不减少、性质不改变；科学划定森林、草原、湿地、海洋等领域生态红线，严格自然生态空间征（占）用管理，有效遏制生态系统退化的趋势。

2012年，环境保护部正式启动了生态保护红线划定工作。目前，已出台《生态保护红线划定技术指南》；指导内蒙古、江苏、江西、湖北、广西等试点省区开展了生态保护红线划定与管控制度建设工作；组织研究制定了生态保护红线相关配套政策；组建了国家生态保护红线专家委员会，同时成立跨部门的国家生态保护红线划定和管理工作协调组，研究与协调生态保护红线划定与管理工作中的重大事项；与此同时，全国31个省（区、市）均已开展生态保护红线划定工作，且均被列入党委或政府重点工作任务。后续将着力推进生态保护红线落到地块，建立起生态保护红线长效管控制度，确保生态保护红线划得实、管得住、效果好、有权威。

二、改革完善环境影响评价制度

2016年，环境保护部印发《"十三五"环境影响评价改革实施方案》（以下简称"《实施方案》"），提出要以改善环境质量为核心，以全面提高环评有效性为主线，以创新体制机制为动力，以"生态保护红线、环境质量底线、资源利用上线和环境准入负面清单"（以下简称"三线一单"）为手段，强化空间、总量、准入环境管理，划框子、定规则、查落实、强基础，不断改进和完善依法、科学、公开、廉洁、高效的环评管理体系。

知识链接——"三线一单"的内涵

> "三线一单"，具体指生态保护红线、环境质量底线、资源利用上线和环境准入负面清单。有"线"可以框住空间，有"单"可以规范行为，是"划框子、定规则"要求的具体落实。
>
> 划定并严守生态保护红线是《环境保护法》做出的法律规定，也是生态文明体制改革的重要任务，生态保护红线划定的是国土空间中最重要、最有价值的生态空间，必须在环评管理中严格执行、强化管控，保障功能不降低、面积不减少、性质不改变。
>
> 严守环境质量底线是落实改善环境质量目标管理的必然要求，是坚守大气、水、土壤等环境质量"只能更好、不能变坏"要求的重要举措，是地方各级政府落实环保责任、防止环境质量降级必须坚守的红线，也是环评工作以改善环境质量为核心确定污染物排放总量和制定环境风险防控措施的基准线。
>
> 资源是环境的重要组成部分，是生态环境承载力的重要载体，生态环境问题的产生往往是开发突破了资源利用上线造成的，合理确定水、土、气等资源利用上线就是设定资源消耗"天花板"，强化资源消耗强度控制，保障资源开发"不超载"，是环境质量不下降的基础和前提。
>
> 基于"三线"，制定区域环境准入负面清单，体现了差别化环境准入的要求，最终实现规划环评在产业发展上优布局、调结构、转方式的作用。

（一）推动战略和规划环评落地

战略和规划环评是加强环境宏观管理的重要途径。战略环评重在协调区域或跨区域发展环境问题，确定"三线一单"，明确生态空间管控要求，为"多规合一"和规划环评提供基础。规划环评重在优化行业的布局、规模、结构，细化落实"三线一单"，指导项目环境准入。

主要从四个方面推进规划环评"落地"。一要严格规划环评违法责任追究，牵住地方政府对环境质量负责这个"牛鼻子"，切实落实规划编制和审批机关主体责任，严格违法责任追究，将地方政府及其有关部门规划环评工作开展情况纳入环境保护督察。二要建立规划环评信息公开和公众参与机制。三要加快创新完善技术规范体系，特别是制定"三线一单"技术规范，围绕环境质量这个核心，以不变的"铁线"在空间、总量、准入等方面提出刚性要求。四要建立健全与项目环评的联动机制，规划环评质量高、做到位了，不仅可以简化项目环评的内容，还可以降低项目环评文件的类别，释放环评改革的制度红利，保障规划环评要求得到真正落实。

目前，环境保护部已相继完成五大区域（环渤海沿海地区、北部湾经济区沿海、成渝经济区、海峡西岸经济区、黄河中上游能源化工区）战略环评，以及西部大开发战略环评和中部地区发展战略环评，制定9个指导意见，开展360多项规划环评，为区域重大生产力布局和项目环境准入提供了重要支撑。"十二五"以来，通过战略环评，审查避让了87个（次）自然保护区，沿海港口避让各级保护区37处，取消敏感岸线开发173公里，削减围填海面积224平方公里，为我国长远发展留下了宝贵的生态资源。

"十三五"期间，对于战略环评工作，重点是结合"一带一路"建设、京津冀协同发展、长江经济带发展等国家三大战略深入开展评价。规划环评工作则重在强化约束和指导，要推进清单式管理，深入开展城市、新区、流域综合规划等重点领域规划环评，还要完成长江经济带重点产业园区规划环境影响跟踪评价与核查。此外，还要开展市域环评工作，从整体上对区域范围内国土空间环境属性进行分析，摸清区域水、大气、土壤等环境质量现状和承载状态，明确国土空间环境管控要求。

（二）提高建设项目环评效能

项目环评重在落实环境质量目标管理要求，优化环保措施，强化环境风险防控，做好与排污许可的衔接，解决环评制度内外的衔接问题，为抓准管理重点、减少重复低效管理、强化制度合力奠定基础。

"十二五"以来，国家层面对151个不符合条件的项目环评文件不予审批，总投资达7 600多亿元，涉及交通运输、电力、钢铁有色、煤炭、化工石化等行业，规范它们在合适的地方、用合适的技术发展，不能无序地没有自然环境约束地发展。

"十三五"期间，一要改革环评管理方式，突出管理重点，科学调整分级分类管理，加强环评信息直报和监督指导。二要严格项目管理，提升环评管理人员综合素质，优化环评审批，严格环境准入。在项目环评中建立"三线一单"约束机制，强化准入管理，开展关停、搬迁企业环境风险评估。三要提高公众参与有效性，探索更为有效和可操作的公众参与模式，落实建设单位环评信息公开主体责任，强化环评宣传和舆论引导，积极化解环境社会风险。

（三）强化项目环境保护事中事后监管

强化项目环境保护事中事后监管，一要创新"三同时"管理。取消环保竣工验收行政许可。建立环评、"三同时"和排污许可衔接的管理机制，将企业落实"三同时"作为申领排污许可证的前提。鼓励建设单位委托具备相应技术条件的第三方机构开展建设期环境监理。建设项目在投入生产或者使用前，建设单位应当依据环评文件及其审批意见，委托第三方机构编制建设项目环境保护设施竣工验收报告，向社会公开并向环境保护部门备案。强化环境影响后评价。二要落实监管责任。强化属地管理及环保层级监督，落实《建设项目环境保护事中事后监督管理办法》，加强核设施等特殊领域中央政府直接监管。属地环境保护部门要按随机抽查制度要求，对"三同时"执行情况开展现场核查，对建设项目运营期环保要求落实情况进行监督检查，对发现的环境违法行为依法处罚。三要严肃查处项目环评违法行为。完成违法违规建设项目清理，坚决遏制新的"未批先建"违法行为，对违法项目严格依法处罚，建立投诉举报的快速响应和公开处理机制。对不符合环境准入要求或已造成严重环境污染和生态破坏的违法项目，责令恢复原状。督促地方政府和部门落实承诺事项。公开曝光查处的典型违法案例，配合有关部门严肃追究有关责任人员违法违纪责任。

知识链接——新《环境影响评价法》于 2016 年 9 月 1 日开始施行

2016 年 9 月 1 日，我国开始施行新修改后的《环境影响评价法》（以下简称"新《环评法》"），通过弱化行政审批、强化规划环评、加大未批先建处罚力度，实现从源头减少环境污染的目标。最主要的亮点包括以下几方面：

一是弱化了项目环评的行政审批要求。新《环评法》规定，环评行政审批不再作为可行性研究报告审批或项目核准的前置条件，即弱化环评的行政审批要求。压缩了环评审批权的空间，将环境影响登记表审批改为备案，不再将水土保持方案的审批作为环评的前置条件，取消了环境影响报告书、环境影响报告表预审等。环评审批弱化事前、强化事中和事后监管，有助于促使政府职能正确定位，提升行政管理效能，发挥宏观控制作用。

二是强化了规划环评。新《环评法》规定，专项规划的编制机关需对环境影响报告书结论和审查意见的采纳情况做出说明，不采纳的，应当说明理由。这一修改将增强规划环评的有效性，规划编制机关必须对环评结论和审查意见进行响应。新《环评法》规定，规划环评意见需作为项目环评的重要依据，且后续的项目环评内容的审查意见应予以简化，这也进一步体现出规划和项目之间的有效互动。

三是加大了处罚力度。新《环评法》提高了未批先建的违法成本，大幅度提高了惩罚的限额。根据违法情节和危害后果，可对建设项目处以总投资额1％以上5％以下的罚款，并可以责令恢复原状。项目如果是上亿元的话，罚款可以超过百万元。可以责令恢复原状，则意味着企业前期投资将会"打水漂"，这将对企业产生强大威慑力。

第六节　加强生态环境监测网络建设

生态环境监测是生态环境保护的耳目与基石。加强生态环境监测网络建设，是大力推进生态文明建设的重大举措，对于全面建成小康社会、实现中华民族永续发展具有深远意义。

2015年8月，国务院印发《生态环境监测网络建设方案》，明确提出，生态环境监测网络建设要坚持"明晰事权、落实责任，健全制度、统筹规划，科学监测、创新驱动，综合集成、测管协同"的基本原则。到2020年，全国生态环境监测网络要基本实现环境质量、重点污染源、生态状况监测全覆盖，各级各类监测数据系统互联共享，监测预报预警、信息化能力和保障水平明显提升，监测与监管协同联动，初步建成陆海统筹、天地一体、上下协同、信息共享的生态环境监测网络，使生态环境监测能力与生态文明建设要求相适应。全面做到说清生态环境质量及变化趋势、说清污染排放状况、说清潜在的生态环境风险，为加快推进生态文明、建设美丽中国提供有力保障。

一、统一生态环境监测建设规划、标准规范和信息发布

按照《环境保护法》要求，环境保护部门会同有关部门统一规划、整合优化环境质量监测点位，建设涵盖大气、水、土壤、噪声、辐射等要素，布局合理、功能完善的全国环境质量监测网络。同时，要统一相关环境要素的布点、监测和评价技术标准规范，并根据工作需要及时进行修订完善。增强各部门生态环境监测数据的可比性，确保排污单位、各类监测机构的监测活动执行统一的技术标准规范。

当前，国务院有关部门之间、地方之间以及地方与中央之间监测数据集成联网与共享不足，环境监测信息发布渠道不统一等问题，影响政府权威性和公信力。为此，要加快生态环境监测信息传输网络与大数据平台建设，将国务院相关部门和各地的生态环境监测数据进行联网共享，大力加强数据资源的开发与应用。在信息发布方面，依法建立统一的生态环境监测信息发布制度，实现生态环境监测数据统一发布。

二、突出生态环境监测与监管执法联动

监测和监管是生态环境保护的重要支撑和手段。针对当前监测与监管结合不紧密、对追究各级政府和企业相关生态环境保护责任支撑不足的问题，《生态环境监测网络建设方案》提出要充分利用生态环境监测结果考核问责政府环保责任落实情况，依托重点排污单位污染源监测建立监测与执法相结合的快速响应体系，实现监测与

监管有效联动。同时，要加强自动预警，科学引导环境管理与风险防范。主要包括：加强空气、水、土壤等环境质量监测预报预警；严密监控企业污染排放，完善重点排污单位污染排放自动监测与异常报警机制；提升生态环境风险监测评估与预警能力，建立生态保护红线监管平台，对重要生态功能区人类干扰、生态破坏等活动进行监测、评估与预警。

三、明晰生态环境监测事权与责任

当前各级政府、企业、社会的环境监测事权划分不够清晰，存在责任落实不到位、监测数据受行政干预的现象，对科学评价环境质量、环境保护目标考核等造成了一定的影响。

因此，第一，必须明确各级政府生态环境监测事权和责任，各级环境保护部门主要承担生态环境质量监测、重点污染源监督监测、环境执法监测、环境应急与预报预警等职能。环境保护部适度上收生态环境质量监测事权，以准确掌握、客观评价全国生态环境质量总体状况。地方各级环境保护部门相应上收生态环境质量监测事权。第二，重点排污单位必须落实污染排放自行监测及信息公开的法定责任，政府要加强污染源监督性监测和监管。第三，大力推动环境监测社会化服务，明确提出开放服务性监测市场，积极推进政府购买服务。

到 2018 年，将全面完成国家环境监测站点及国控断面上收工作。到 2020 年，基本实现环境质量、重点污染源、生态状况监测全覆盖，各级各类监测数据系统互联共享，监测与监管协同联动，做到全面设点、全国联网、自动预警、依法追责。

四、健全环境监测质量管理体系

环境监测质量管理是环境监测工作的生命线。2016 年，环境保护部印发《"十三五"环境监测质量管理工作方案》。通过该方案的实施，"十三五"期间力求取得两方面突破：一是管理方面，通过完善法律规章、转变体制机制、加大质量检查和惩处力度、加强信息公开等措施，保障监测数据的公正性和权威性，使评价和考核用国控环境空气、地表水、土壤以及县域生态考核的环境质量监测数据准确可靠，满足环境管理需要；二是技术方面，构建全国统一的生态环境监测规范体系（覆盖环境空气、地表水、土壤等环境要素）、质量管理和质量控制体系，以保障质量监测数据的科学性、可比性和准确性。

国家环境空气质量监测网和国家地表水环境监测网已基本建成，土壤环境监测网尚在建设过程中，结合现阶段我国环境空气、地表水和土壤监测网络的建设和运行情况，为实现两大突破，《"十三五"工作方案》针对不同要素监测质量管理提出了具体的年度工作目标。

一是环境空气：2016 年年底完成 338 个地级以上城市 1 436 个国家环境空气自动监测事权上收，建立气态污染物标准溯源体系和颗粒物比对监测体系，完善环境空气质量监测网运行管理制度，建立数据质控体系及仪器参数变化预警体系。

二是地表水：2016 年年底，出台国家地表水环境质量监测网监测规范性技术文件，制订地表水手工和自动监测质量监督检查方案。

2017 年起，逐步完善地表水和近岸海域环境质量监测质控技术体系，组织开展质量监督检查活动。

三是土壤环境：2016 年确定土壤网点位布设方案，启动网络建设。2017 年形成基本监测能力，建立土壤样品采集、制备、分析、数据审核全过程质量管理体系，其后不断完善。

至"十三五"末，全面建成环境空气、地表水和土壤等环境监测质量控制体系，进一步推进信息公开和公众监督，保障大气、水、土壤污染防治行动计划考核用数据质量。

针对环境监测和运维机构在国家和地方环境空气质量自动监测运维管理工作中存在的问题，环境保护部专门印发《关于加强环境空气自动监测质量管理工作方案》，为全面提升环境空气质量自动监测和质控水平提供保障。《关于加强环境空气自动监测质量管理工作方案》要求，全面加强环境空气自动监测质控能力，以技术手段促进质控水平提升。完善环境空气质量监测远程在线质控系统，实现重要参数的实时直传和运维管理的全程监控。建立全国统一的环境空气自动监测技术方法标准体系和三级质控体系，国家环境空气质量监测网和地方环境空气质量监测网均遵循统一的技术体系，保障环境监测数据的科学性和可比性。成立国家环境监测数据质量评估委员会和质量监督检查专家库，加大监督检查和惩处力度，保障环境监测数据的公正性和权威性，为大气污染防治行动计划的顺利实施提供科学支撑。

第七节　全面规范环境应急管理

随着经济快速发展，我国突发环境事件逐年增多，进入了环境污染事故多发、易发期，环境应急管理工作面临巨大挑战。我国重大环境风险级别企业为数众多，极易发生突发环境事件。频发的突发环境事件和环境风险，对环境应急管理提出更系统、更严格和更规范的要求。

突发环境事件应急管理的目的是，预防和减少突发环境事件的发生及危害，规范相关工作，保障人民群众生命安全、环境安全和财产安全。优先保障顺序为"生命安全""环境安全""财产安全"，突出强调环境作为公共资源的特殊性和重要性。《突发事件应对法》对突发事件预防、应急准备、监测与预警、应急处置与救援、事后恢复与重建等环节作了全面、综合、基础性的规定。2015 年，我国开始实施新环保法以及《突发环境事件应急管理办法》，从根本上解决突发环境事件应急管理"管什么"和"怎么管"的问题。

一、明确企事业单位的主体责任

企业事业单位应对本单位的环境安全承担主体责任，具体体现在日常管理和事件应对两个层次十项具体责任。在日常管理方面，企业事业单位应当开展突发环境事件风险评估、健全突发环境事件风险防控措施、排查治理环境安全隐患、制定突发环境事件应急预案并备案、演练、加强环境应急能力保障建设；在事件应对方面，企业事业单位应立即采取有效措施处理，及时通报可能受到危害的单位和居民，并向所在地环境保护主管部门报告、接受调查处理以及对所造成的损害依法承担责任。

案例——广西龙江河镉污染事件

2012年1月13日,广西河池市环保局接到宜州市龙江河怀远镇罗山村段网箱出现死鱼的报告后,立即对龙江河沿岸企业进行排查和监测,查找死鱼原因。1月14日,监测发现龙江河水体镉、砷、氨氮略有超标现象。1月15日,在龙江河设置8个水质监测断面,扩大监测范围,结果显示龙江河拉浪电站坝首前200米处镉、砷含量超标。17日,自治区环保厅接到河池市环保局的报告后,立即将有关情况向自治区党委、政府和环境保护部报告,并迅速组织环境监测、监察力量赶赴事发地,开展应急监测和调查取证工作。环境保护部对此次事件高度重视,接报当日派出部应急办张志敏副主任等7人到达河池市,指导事故原因调查和应急处置工作。

面对严峻事态,自治区党委、政府快速反应并作出部署,1月22日启动突发环境事件应急预案,成立自治区龙江河突发环境事件应急指挥部,统筹指挥应急处置工作。随着龙江河污染带前锋逼近柳江河段,对柳州市饮水安全的威胁进一步加大,应急指挥部随即从河池转移到柳州。根据事态发展,1月27日,自治区启动突发环境事件Ⅱ级响应,充实了自治区应急指挥部成员,并下设9个工作组,在指挥部的统一指挥下开展各项工作。经过各方面日夜奋战、全力处置,至2月22日16时,龙江河、柳江全线各监控断面均已达到国家地表水质标准,经过专家组充分论证研判,并报自治区党委、政府同意,自治区应急指挥部于2月23日宣布应急处置工作结束,并解除Ⅱ级应急响应,事件转入后续处置阶段。

经调查认定,事件责任企业为河池市金城江区鸿泉立德粉材料厂、广西金河矿业股份有限公司冶化厂,检察机关已批捕10名企业主要负责人。河池市政府及环保、工商、经贸等部门共16名人员受到处分。

此次事件为重大突发环境事件,由于及时、科学处置,实现了自治区提出的"确保柳州市自来水厂取水口水质达标、柳州市供水达标、柳州市不停水、沿江群众饮用水安全"的"四个确保"目标。

一旦发生或者可能发生突发环境事件,企业事业单位处在第一线,掌握第一手材料,其反应是否快速,采取的措施是否得当,直接影响突发环境事件的涉及面和危害程度，因此，责任单位有义务及时、主动、有效地采取应急处置措施，控制事态。环境保护部门要严格做到"五个第一时间"，即第一时间报告、第一时间赶赴现场、第一时间开展监测、第一时间组织开展调查、第一时间向社会发布信息。

二、构建全过程管理体系

《突发环境事件应急管理办法》对环境应急管理工作进行了全面、系统的规定，从事前、事中、事后全面系统地规范突发环境事件应急管理工作，进一步明确了环境保护部门和企业事业单位在突发环境事件应急管理工作中的职责定位，从风险控制、应急准备、应急处置和事后恢复四个环节构建全过程突发环境事件应急管理体系。

一是风险控制。突发事件的早发现、早报告、早预警，是及时做好应急准备、有效处置突发事件、减少人员伤亡和财产损失的前提。县级以上地方环境保护主管部门应当按照本级人民政府的统一要求，开展本行政区域突发环境事件风险评估工作，分析可能发生的突发环境事件，提高区域环境风险防范能力。县级以上地方环境保护主管部门应当对企业事业单位环境风险防范和环境安全隐患排查治理工作进行抽查或者突击检查，将存在重大环境安全隐患且整治不力的企业信息纳入社会诚信档案，并可以通报行业主管部门、投资主管部门、证券监督管理机构以及有关金融机构。

二是应急准备。县级以上地方环境保护主管部门应当根据本级人民政府突发环境事件专项应急预案，制定本部门的应急预案，报本级人民政府和上级环境保护主管部门备案；建立本行政区域突发环境事件信息收集系统，通过"12369"环保举报热线、新闻媒体等多种途径收集突发环境事件信息，并加强跨区域、跨部门突发环境事件信息交流与合作；建立健全环境应急值守制度，确定应急值守负责人和应急联络员并报上级环境保护主管部门；定期对从事突发环境事件应急管理工作的人员进行培训；加强环境应急能力标准化建设，配备应急监测仪器设备和装备，提高重点流域区域水、大气突发环境事件预警能力；根据本行政区域的实际情况，建立环境应急物资储备信息库，有条件的地区可以设立环境应急物资储备库。

三是应急处置。获知突发环境事件信息后，事件发生地县级以上地方环境保护主管部门应当按照《突发环境事件信息报告办法》规定的时限、程序和要求，向同级人民政府和上级环境保护主管部门报告；立即组织排查污染源，初步查明事件发生的时间、地点、原因、污染物质及数量、周边环境敏感区等情况；开展应急监测，及时向本级人民政府和上级环境保护主管部门报告监测结果；组织开展事件信息的分析、评估，提出应急处置方案和建议报本级人民政府；突发环境事件已经或者可能涉及相邻行政区域的，事件发生地环境保护主管部门应当及时通报相邻区域同级环境保护主管部门，并向本级人民政府提出向相邻区域人民政府通报的建议。突发环境事件的威胁和危害得到控制或者消除后，事发地县级以上地方环境保护主管部门应当根据本级人民政府的统一部署，停止应急处置措施。

国务院制定了《国家突发环境事件应急预案》。按照突发事件严重性和紧急程度，突发环境事件分为特别重大环境事件（Ⅰ级）、重大环境事件（Ⅱ级）、较大环境事件（Ⅲ级）和一般环境事件（Ⅳ级）。负责确认环境事件的单位，在确认重大（Ⅱ级）环境事件后，1小时内报告省级相关专业主管部门，特别重大（Ⅰ级）环境事件立即报告国务院相关专业主管部门，并通报其他相关部门。地方各级人民政府应当在接到报告后1小时内向上一级人民政府报告。省级人民政府在接到报告后1小时内，向国务院及国务院有关部门报告。重大（Ⅱ级）、特别重大（Ⅰ级）突发环境事件，国务院有关部门应立即向国务院报告。

四是事后恢复。应急处置工作结束后，县级以上地方环境保护主管部门应当及时总结、评估应急处置工作情况，提出改进措施，组织开展突发环境事件环境影响和损失等评估工作，按照有关规定开展事件调查，查清突发环境事件原因，确认事件性质，认定事件责任，提出整改措施和处理意见，参与制定环境恢复工作方案，推动环境恢复工作，并依法向有关人民政府报告。

知识链接——特别重大（Ⅰ级）、重大（Ⅱ级）突发环境事件分级标准

凡符合下列情形之一的，为特别重大突发环境事件（Ⅰ级）：

1. 因环境污染直接导致30人以上死亡或100人以上中毒或重伤的；

2. 因环境污染疏散、转移人员5万人以上的；

3. 因环境污染造成直接经济损失1亿元以上的；

4. 因环境污染造成区域生态功能丧失或该区域国家重点保护物种灭绝的；

5. 因环境污染造成设区的市级以上城市集中式饮用水水源地取水中断的；

6. Ⅰ、Ⅱ类放射源丢失、被盗、失控并造成大范围严重辐射污染后果的；放射性同位素和射线装置失控导致3人以上急性死亡的；放射性物质泄漏，造成大范围辐射污染后果的；

7.造成重大跨国境影响的境内突发环境事件。

凡符合下列情形之一的，为重大突发环境事件（Ⅱ级）：

1.因环境污染直接导致10人以上30人以下死亡或50人以上100人以下中毒或重伤的；

2.因环境污染疏散、转移人员1万人以上5万人以下的；

3.因环境污染造成直接经济损失2 000万元以上1亿元以下的；

4.因环境污染造成区域生态功能部分丧失或该区域国家重点保护野生动植物种群大批死亡的；

5.因环境污染造成县级城市集中式饮用水水源地取水中断的；

6.Ⅰ、Ⅱ类放射源丢失、被盗的；放射性同位素和射线装置失控导致3人以下急性死亡或者10人以上急性重度放射病、局部器官残疾的；放射性物质泄漏，造成较大范围辐射污染后果的；

7.造成跨省级行政区域影响的突发环境事件。

第八节　推进环境信息公开与公众参与

　　环境问题属于公共利益范畴，每一个公民，既是污染的制造者，也是受害者；既是良好生态环境的享有者，也是保护者。唯有"共治"才能"共享"。每个人的身体力行，看似微不足道，却可以汇成保护环境的巨大能量。

　　党的十八大报告明确指出，"保障人民知情权、参与权、表达权、监督权，是权力正确运行的重要保证"。《环境保护法》在总则中明确规定了"公众参与"原则，并对"信息公开和公众参与"进行专章规定。中共中央、国务院《关于加快推进生态文明建设的意见》中提出要"鼓励公众积极参与。完善公众参与制度，及时准确披露各类环境信息，扩大公开范围，保障公众知情权，维护公众环境权益"。

近年来，环境保护部陆续发布了《环境信息公开办法（试行）》《关于推进环境保护公众参与的指导意见》《企业事业单位环境信息公开办法》《国家重点监控企业自行监测及信息公开办法（试行）》和《环境保护公众参与办法》，以保障公民、法人和其他组织获取环境信息、参与和监督环境保护的权利，促进环境保护公众参与更加健康地发展。

一、加强环境信息公开

信息公开是公众参与的前提和基础，也是保障公众知情权、监督权最便捷、最有效的手段。

（一）政府环境信息公开

国务院环境保护主管部门统一发布国家环境质量、重点污染源监测信息及其他重大环境信息。省级以上人民政府环境保护主管部门定期发布环境状况公报。县级以上人民政府环境保护主管部门和其他负有环境保护监督管理职责的部门，应当依法公开环境质量、环境监测、突发环境事件以及环境行政许可、行政处罚、排污费的征收和使用情况等信息。负责审批建设项目环境影响评价文件的部门在收到建设项目环境影响报告书后，除涉及国家秘密和商业秘密的事项外，应当全文公开。

做好政府环境信息公开工作，要全面推进大气和水等环境信息公开、排污单位环境信息公开、监管部门环境信息公开。健全建设项目环境影响评价信息公开机制。建设国家污染源数据库,建立健全环境保护网络举报平台和制度,构建国家统管、四级联网、面向公众、社会公开的信息平台,把政府和企业同时放在阳光下,接受公众的监督和考评,让每个人都成为保护环境的参与者、建设者、监督者。

(二)企业环境信息公开

所有重点排污单位都应当依法主动公开本企业的相关环境信息,这是法定义务,必须履行。根据 2014 年实施的《国家重点监控企业自行监测及信息公开办法(试行)》,企业应当及时将监测方案、监测点位、监测时间、污染物种类及浓度、标准限值、达标情况、超标倍数、污染物排放方式及排放去向、年底报告等信息主动公布在企业自己的网站和环境保护部门统一组织的平台上。同时,《国家重点监控企业自行监测及信息公开办法(试行)》也指出公民、法人和其他组织可以对企业不依法履行自行监测和信息公开的行为进行举报,收到举报的环境保护部门应当进行调查,督促企业依法履行自行监测和信息公开义务。

二、推动环境保护公众参与

加大对公众参与工作的推动力度,动员公众积极践行低碳、环保、绿色的生活方式。自觉从自身做起,从节约一度电、一滴水、一粒米、一张纸等小事、身边事做起,积极参与少开一天车、空调

26℃、光盘行动等环保公益行动，为环境质量改善做出自己的贡献，真正形成全民环保的生动局面。

环境保护主管部门可以通过征求意见、问卷调查，组织召开座谈会、专家论证会、听证会等方式开展公众参与环境保护活动。环境保护部门在组织公众参与活动时应当遵循公开、公平、公正和便民的原则，让公众参与环保事务的方式更加科学规范，参与渠道更加通畅透明，参与程度更加全面深入。

2015年9月1日实施的《环境保护公众参与办法》支持和鼓励公众对环境保护公共事务进行舆论监督和社会监督，规定了公众对污染环境和破坏生态行为的举报途径，以及地方政府和环境保护部门不依法履行职责的，公民、法人和其他组织有权向其上级机关或监察机关举报。接受举报的环境保护部门，要保护举报人的合法权益，及时调查情况并将处理结果告知举报人，并鼓励设立有奖举报专项资金。

此外，环境保护部门有义务加强宣传教育工作，使用微信、微博等现代手段加强与公众的沟通与互动，及时解读环境政策，传递环境信息，为公众解疑释惑。同时，做好全民环境教育工作，动员公众积极参与环境事务，鼓励公众自觉践行绿色生活，树立尊重自然、顺应自然、保护自然的生态文明理念，共同为实现天蓝、山青、地绿、水净的美丽中国梦奋斗。

第九节　其他主要管理手段

一、实施排污许可管理

在《中共中央关于全面深化改革若干重大问题的决定》中，提出了"完善污染物排放许可制,实行企事业单位污染物排放总量控制制度",给排污许可这一制度在整个环境保护管理体制中的定位提出了更高的要求。

改革的目标是以排污许可证为主线,将现有各项环境管理制度对企事业单位的环境管理具体要求,集中通过排污许可贯穿起来、衔接起来,体现全过程管理、长效管理和精细化管理,为污染防治提供强有力的环境执法手段。在排污许可制度的改革过程中,需要尽快制订并发布《排污许可管理条例》和《排污许可管理办法》,作为全国进行排污许可管理的基础框架。将排污许可制度与排污权有偿使用相结合,体现排污许可量作为环境资源的有价性与稀缺性。针对目前监测监管不足、统计基础薄弱的污染物和污染源,开展基础性建设及加大研究力度。提高执法透明度,强调信息公开,充分调动公众的力量进行环境监管,弥补环境保护部门人力物力不足对执法的不利影响。

国务院办公厅已印发《控制污染物排放许可制实施方案》。目前浙江、江苏两省正在开展试点。2017 年年底前,将建立管理制度框架和管理平台,对国控重点污染源率先完成排污许可证核发。到2020 年,完成全国固定工业污染源核发。

二、推行排污权交易

排污权有偿使用,是指污染单位以有偿的方式获得初始排污权的行为,其核心是按照"环境容量是稀缺资源,环境资源占用有价"的理念,形成反映环境稀缺程度的体系和市场。排污权交易，是指在总量控制制度下排污单位为落实总量控制目标、降低排污成本或获取减排效益所进行的排污权的交易行为，以提高环境资源配置效率为核心，建立其主要污染物排污权的再分配市场。

为推行排污权有偿使用和交易制度，财政部、环境保护部、国家发展改革委会同有关部门进行了较长时间研究，并积极推动前期已有工作基础、试点意愿强烈的省份开展排污权有偿使用和交易试点工作。2007 年以来，先后批复同意江苏、浙江、天津、湖北、湖南、山西、内蒙古、重庆、河北、陕西、河南等十一个省份开展了试点工作。上述省份试点工作已取得积极进展，排污权交易平台建设等基础工作得到加强，排污权交易市场运转良好，相关配套政策措施不断健全，排污权有偿使用和交易制度逐步建立，市场配置环境资源的功效初步显现，产业结构调整和污染减排成效明显，社会环境意识得到提高。截至 2014 年年底，全国排污权有偿使用和交易金额累计达 53 亿元，环境经济效益已逐步显现。

为进一步推进地方试点工作，推进主要污染物排放总量持续有效减少，2014 年 8 月，国务院办公厅印发了《关于进一步推进排污权有偿使用和交易试点工作的指导意见》，明确了排污权有偿使用管理制度、排污权交易管理制度相关规定。此外，新修订的《大气污染防治法》也明确提出国家逐步推行重点大气污染物排污权交易。同时，国务院发布的《关于创新重点领域投融资机制鼓励社会投资的指导意见》中也明确要求，积极开展排污权交易试点，鼓励社会资本参与污染减排和排污权交易，作为创新生态环保领域投融资的重要举措之一。

三、加强联防联控联治

行政区域有界，生态环境无界。建立环境污染、生态破坏区域联防联控制度就是面对环境整体性、环境要素流动性的特点，主动克服行政管理的地域性、分割性而进行的制度设计。建立跨行政区的区域、流域环保机构，实行符合区域和流域生态环境特点及规律的防控措施、加强联防联控联治，对改善环境质量、实现环境公平至关重要。

近年来，各地各部门协调配合，在推动区域和流域管理方面取得了一些成效。一是发布《重点流域水污染防治专项规划实施情况考核暂行办法》《太湖流域管理条例》《关于推进大气污染联防联控工作改善区域空气质量指导意见》等文件，逐步明确了建立重点区域、流域环境管理的法律法规和管理要求。二是推动实施体现区域、流域特点的环境管理模式。在规划方面，环境保护部牵头制定《重点流域水污染防治规划（2011—2015年）》《重点区域大气污染防治"十二五"规划》等重点区域流域的污染防治规划；在落实地方环保责任方面，组织开展跨界断面的联合监测、污染物跨境的传输监测与评估，推动重大项目跨行政区环评会商；在执法监管方面，环境保护部设立六大区域督察中心，负责统筹协调和调查处理区域、流域重大环境问题；在经济政策方面，探索建立多元化跨界补偿机制。三是构建完善联防联控协作机制，先后建立全国环境保护部际联席会、三峡库区及其上游水污染防治部际联席会以及京津冀及周边、长三角、珠三角大气、水污染防治协作机制，在自动联防联控、污染预警会商、统一相关标准、探索联合执法方面发挥了积极作用。

目前，环境保护部正在制定跨地区环保机构、按流域设置环境监管和行政执法机构的试点方案，推动形成责任共担、效益共享、协调联动、行动高效的区域、流域治理体系，做到统一规划、统一标准、统一环评、统一监测、统一执法。

四、探索生态保护补偿

《中共中央关于全面深化改革若干重大问题的决定》提出，实行生态补偿制度。坚持谁受益、谁补偿原则，完善对重点生态功能区的生态补偿机制，推动地区间建立横向生态补偿制度。

从国情及环境保护实际形势出发，目前我国建立生态补偿机制的重点领域有四个方面，包括自然保护区的生态补偿、重要生态功能区的生态补偿、矿产资源开发的生态补偿、流域水环境保护的生态补偿。

补偿方式分为两种。一是国家对生态保护地区的财政转移支付。据统计，中央财政安排的生态补偿资金总额从 2001 年的 23 亿元增加到 2012 年 780 亿元，累计约 2 500 亿元。其中，国家重点生态功能区转移支付从 2008 年的 61 亿元增加到 2012 年的 371 亿元，累计安排 1 101 亿元。二是受益地区和生态保护地区人民政府通过协商或者按照市场规则进行生态保护补偿，也就是横向生态保护补偿。应通过搭建协商平台，完善支持政策，引导和鼓励开发地区、受益地区与生态保护地区、流域上游与下游通过自愿协商建立横向补偿管理，采取资金补助、对口协作、产业转移、人才培训、共建园区等方式实施横向生态补偿。

第十节　下一步政策重点

当前，环保工作依然繁重，面临发展和保护矛盾突出、持续推进环境质量改善难度增大、污染治理工作和环境质量改善关系日趋复杂等方面的挑战。做好新时期的环保工作，必须始终坚持改革创新，完善管理制度，建立与经济社会和环境形势发展相适应的管理模式。

下一步，要以环境质量改善为核心，以排污许可制为基础，整合衔接环境影响评价、总量控制、排污收费等固定源管理制度，对排污单位实行"一证式"管理，形成系统完整、权责清晰、监管有效的污染源管理新格局。在总量控制方面，完善总量指标的分配机制，将质量与总量挂钩，环境质量差的地方承担更多的总量减排任务。在环评改革方面，项目建设前执行环评制度，建设后就要执行排污许可制度，建立项目环评审批与区域规划环评、区域环境质量的联动机制，实现各项制度和环境质量改善的结合。

此外，应继续推进环境管制、市场手段、社会制衡等领域的政策和制度改革，不断探索环境污染第三方治理、环境污染损害赔偿、环境保护督察、生态环境监测网络建设、自然资源资产负债表、环境污染责任保险、环境信用评价、绿色信贷和绿色贸易等制度，建立多元共治体系，用好各项政策和方法，实现环境质量改善的目标。

第四章

大气污染防治

　　蓝天白云是人们对美丽中国最朴素的理解，治理大气污染是生态文明建设的重要任务。党中央、国务院高度重视大气污染防治工作，习近平总书记做出重要批示，要求务必高度重视，加强领导，下定决心，坚决治理，出台有力举措，为实现美丽中国的发展目标做出应有贡献。2016年政府工作报告明确要求，"十三五"时期治理大气雾霾取得明显进展，地级及以上城市空气质量优良天数比例超过80％。要打好大气污染防治战役，必须做好打持久战、攻坚战的准备，调动社会各界力量，同呼吸，共命运，切实消除人民群众的"心肺之患"。

第一节　大气污染形势与防治工作进展

一、大气污染形势及成因

　　当前，我国大气污染形势严峻，大气污染排放远远超过环境承载能力，传统煤烟型污染尚没有得到解决，细颗粒物（PM 2.5）为特征的区域性复合型大气环境问题又日益突出，70％左右的城市达不到新的环境空气质量标准要求。

　　2013年以来，我国大范围持续雾霾天气频发，涉及四分之一国土面积，影响人口约6亿。严重的大气污染，不仅损害人民群众身体健康，制约经济持续健康发展，还影响到社会和谐稳定的大局。

知识链接——PM 2.5 的概念

细颗粒物（PM 2.5），是指环境空气中空气动力学当量直径小于等于 2.5 微米的颗粒物，其直径不到人的头发丝粗细的 1/20。与较粗颗粒物相比，它大多含有重金属等有毒物质，在大气中停留时间长、输送距离远，可直接进入人体支气管，易引发哮喘、支气管炎和心血管病等，对人体健康和大气环境质量的影响大。PM 2.5 主要来自两个方面，一方面主要产生于日常发电供暖、工业生产、汽车尾气等直接排放，另一方面是氮氧化物、二氧化硫、挥发性有机物等在空气中通过化学反应产生的硝酸盐、硫酸盐等二次污染物。

我国大气严重污染的主要原因包括以下几个方面：

一是经济发展方式粗放。我国长期以重化工业为主的经济结构产生大量污染物。2015 年，中国钢铁、水泥生产量分别占世界总产量的 49%、57%，而产生的 GDP 仅占世界的 14%。全国二氧化硫与氮氧化物排放量分别为 1 859.1 万吨、1 851.8 万吨，远超出环境承载能力。粗放型经济发展方式不仅使经济发展质量难以提高，资源环境也不堪重负。

二是能源结构不尽合理。以煤为主的能源消费结构带来了严重的空气污染。我国煤炭消费量从 2005 年的 21.4 亿吨增长到 2015 年的 39.65 亿吨，占世界煤炭消费量的一半。据统计，2015 年我国煤炭消费量占能源消费总量的 64.0%。

三是机动车污染加剧了大气环境压力。近年来，随着我国机动车保有量快速增长，机动车尾气污染日趋严重。2014 年，全国机动车保有量达到 2.46 亿辆，排放各类大气污染物接近 4 547.3 万吨，其中机动车氮氧化物排放量约占全国氮氧化物总量的 30%。机动车污染排放是造成城市灰霾、酸雨和光化学烟雾的重要原因，同时也对人民群众身体健康构成严重威胁。

　　四是我国大气环境承载条件十分有限。随着城市规模不断扩大，京津冀、长三角、珠三角区域内城市连接成片，人们生产生活高度集中，燃煤、交通、建筑等活动带来大量污染物的集中排放。与东京、纽约等国际大都市地处海滨相比，我国大中城市选址多在内陆，许多还位于河谷、山坳地带，扩散条件差，一旦遇到不利的气象条件，将会造成严重的大气环境污染。

　　五是我国大气污染防治体制、机制有待加强。长期以来，我国环境法规标准不完善、政策机制不健全、执法监管不到位、治理资金投入严重不足，各级政府在大气环境管理方面人员不足、机构不健全的问题还比较突出，与大气污染的严峻形势不相适应。

知识链接——全球 PM 2.5 浓度概况

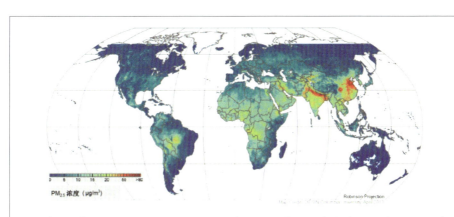

　　美国国家航空航天局（NASA）2010 年 9 月公布了一张全球 2001 年至 2006 年 PM 2.5 平均浓度地图，浓度最高地区出现在北非、东亚和中国华北、华东和华中。世界卫生组织（WHO）认为，PM 2.5 小于 10 微克/立方米是安全值，而中国的这些地区全部高于 50 微克/立方米，接近 80 微克/立方米，比撒哈拉沙漠还要高很多。根据 2012 年 WHO 空气质量报告，2011 年全球 1 082 个城市中，我国城市空气质量最好的海口排名在 800 位之后。

二、近年来大气污染防治工作进展

近年来，特别是 2012 年以来，我国大气污染防治工作取得积极进展。

（一）修订环境空气质量标准

2012 年 2 月，经国务院常务会批准，环境保护部发布新的《环境空气质量标准》（GB 3095—2012）。新标准收严了可吸入颗粒物（PM 10）、二氧化氮浓度限值，并增加了 PM 2.5、臭氧八小时浓度限值指标，进一步与国际标准相接轨，对我国环境空气质量管理提出了更高要求（见表4‑1）。目前，我国所有地级以上城市都已执行新标准。

表 4‑1　环境空气质量标准的主要污染物浓度限值

序号	污染物项目	平均时间	浓度限值一级	浓度限值二级	单位
1	二氧化硫	年平均	20	60	微克/立方米
		24 小时平均	50	150	
		1 小时平均	150	500	
2	二氧化氮	年平均	40	40	
		24 小时平均	80	80	
		1 小时平均	200	200	
3	一氧化碳	24 小时平均	4	4	毫克/立方米
		1 小时平均	10	10	
4	臭氧	日最大 8 小时平均	100	160	微克/立方米
		1 小时平均	160	200	
5	颗粒物（粒径小于等于 10 微米）	年平均	40	70	
		24 小时平均	50	150	
6	颗粒物（粒径小于等于 2.5 微米）	年平均	15	35	
		24 小时平均	35	75	

（二）出台《大气污染防治行动计划》

2013 年 9 月，国务院正式发布《大气污染防治行动计划》（以下简称《大气十条》），为全国大气污染防治工作指明了方向。

《大气十条》确定了当前和今后一个时期全国大气污染防治工作的总体思路：以保障人民群众身体健康为出发点，大力推进生态文明建设，坚持政府调控与市场调节相结合、全面推进与重点突破相配合、区域协作与属地管理相协调、总量减排与质量改善相同步，形成政府统领、企业施治、市场驱动、公众参与的大气污染防治新机制，实现环境效益、经济效益与社会效益多赢。

知识链接——大气污染防治十条措施

> 一是加大综合治理力度，减少多污染物排放。
>
> 二是调整优化产业结构，推动经济转型升级。
>
> 三是加快企业技术改造，提高科技创新能力。
>
> 四是加快调整能源结构，增加清洁能源供应。
>
> 五是严格投资项目节能环保准入，提高准入门槛，优化产业空间布局，严格限制在生态脆弱或环境敏感地区建设"两高"行业项目。
>
> 六是发挥市场机制作用，完善环境经济政策。
>
> 七是健全法律法规体系，严格依法监督管理。
>
> 八是建立区域协作机制，统筹区域环境治理。
>
> 九是建立监测预警应急体系，制定完善并及时启动应急预案，妥善应对重污染天气。
>
> 十是明确各方责任，动员全民参与，共同改善空气质量。

（三）修订《大气污染防治法》

2016 年 1 月 1 日，我国开始实施新修订的《大气污染防治法》。

新法凸显从治标走向治本的立法思路：一是以改善大气环境质量为目标，强化地方政府的责任，加强对地方政府的监督。二是坚持源头治理，从推动转变经济发展方式，优化产业结构、调整能源结构的角度完善相关制度。三是抓主要矛盾，解决突出问题。对燃煤、工业、机动车等大气污染主要污染源做了具体规定，对重点区域联防联治、重污染天气的应对措施也做了明确要求。四是加大了处罚的力度。新法条文有 129 条，其中法律责任条款有 30 条，规定了大量具体的有针对性措施，并有相应的处罚责任。具体的处罚行为和种类接近 90 种，提高了可操作性和针对性。

（四）空气质量初步改善

"十二五"期间，全国二氧化硫和氮氧化物排放总量分别比 2010 年下降 18.0％和 18.6％，超额完成"十二五"规划目标。酸雨污染已大为减轻，全国酸雨面积已经恢复到 20 世纪 90 年代水平。我国在京津冀、长三角和珠三角等重点区域，建立健全区域联防联控协作机制。建成发展中国家最大的环境空气质量监测网，全国 338 个地级以上城市全部具备 PM 2.5 等六项指标监测能力。安装脱硫设施的煤电机组由 5.8 亿千瓦增加到 8.9 亿千瓦，安装率由 83％增加到 99％以上；安装脱硝设施的煤电机组由 0.8 亿千瓦增加到 8.3 亿千瓦，安装率由 12％增加到 92％。安装脱硫设施的钢铁烧结机面积由 2.9 万平方米增加到 13.8 万平方米，安装率由 19％增加到 88％；安装脱硝设施的新型干法水泥生产线由 0 增加到 16 亿吨。

《大气十条》实施以来，全国城市空气质量总体改善，PM 2.5、PM 10、二氧化氮、二氧化硫和一氧化碳年均浓度和超标率均逐年下降，大多数城市重污染天数减少。2015 年，全国 74 个重点城市 PM 2.5 平均浓度为 55 微克/立方米，相对于 2013 年的 72 微克/立方米下降 23.6%；日均值超标天数的比例由 2013 年的 33.2%降至 2015 年的 20.8%。对于三大重点区域，京津冀 PM 2.5 年均浓度下降了 27.4%，长三角下降了 20.9%，珠三角下降了 27.7%。珠三角空气质量改善幅度最大，区域 PM 2.5 平均浓度为 34 微克/立方米，首次达标，这是具有标志性意义的进步，说明我国可以解决特大城市群在快速发展中的空气污染难题。

第二节　大气污染防治主要目标与任务

大气污染防治工作要紧密围绕《大气十条》的贯彻落实。《大气十条》提出了明确的奋斗目标：经过五年努力，全国空气质量总体改善，重污染天气较大幅度减少；京津冀、长三角、珠三角等区域空气质量明显好转。力争再用五年或更长时间，逐步消除重污染天气，全国空气质量明显改善。

根据《大气十条》，到 2017 年，全国地级及以上城市 PM 10 浓度比 2012 年下降 10%以上，优良天数逐年提高；京津冀、长三角、珠三角等区域 PM 2.5 浓度分别下降 25%、20%、15%左右，其中北京市 PM 2.5 年均浓度控制在 60 微克/立方米左右（见图 4-1）。

"十三五"规划纲要提出深入实施污染防治行动计划。要制定城市空气质量达标计划，严格落实约束性指标，地级及以上城市重污染天数减少 25%，加大重点地区细颗粒物污染治理力度。到 2020 年，二氧化硫和氮氧化物排放总量要削减 15%，地级及以上城市空

图 4 - 1　防治大气污染明确时间表

气质量优良天数比例要超过 80％，PM 2.5 未达标地级及以上城市浓度下降 18％。在重点区域、重点行业推进挥发性有机物排放总量控制，全国排放总量下降 10％以上。

第三节　大气污染防治主要措施

不积跬步，无以至千里。我国大气污染问题是长期积累形成的，治理好大气污染任务重、难度大，是一项长期复杂的系统工程，必须突出重点、分类指导、多管齐下、科学施策，用硬措施完成硬任务。

一、严格大气环境管理责任与考核制度

2014 年，国务院办公厅发布《大气污染防治行动计划实施情况

考核办法（试行）》（以下简称《考核办法》），首次提出空气质量改善目标完成情况考核指标和终期考核实施质量改善绩效“一票否决”，将目标任务分解落实到地方各级人民政府、各有关部门和企业，构建纵向到底、横向到边的目标任务和责任考核体系，标志着我国最严格大气环境管理责任与考核制度的正式确立（见图 4－2）。

经国务院授权，环境保护部与各省（区、市）人民政府签订大气污染防治目标责任书。各省（区、市）人民政府依据国家确定的空气质量改善目标，结合本地实际，制定本地区《大气十条》实施细则和年度工作计划，与所辖市、县和各有关部门层层签订目标责任书，突出重点，狠抓落实。

考核要“动真格”，“奖优”与“罚劣”并重。《考核办法》提出将考核结果作为中央财政安排资金的重要依据，对考核结果优秀的将加大支持力度，对考核结果不合格的适当扣减中央财政安排资金。未通过考核的，该区域责任城市将被实施环评限批；未通过终期考核的，整个地区实施环评限批。加大问责力度，必要时由国务院领

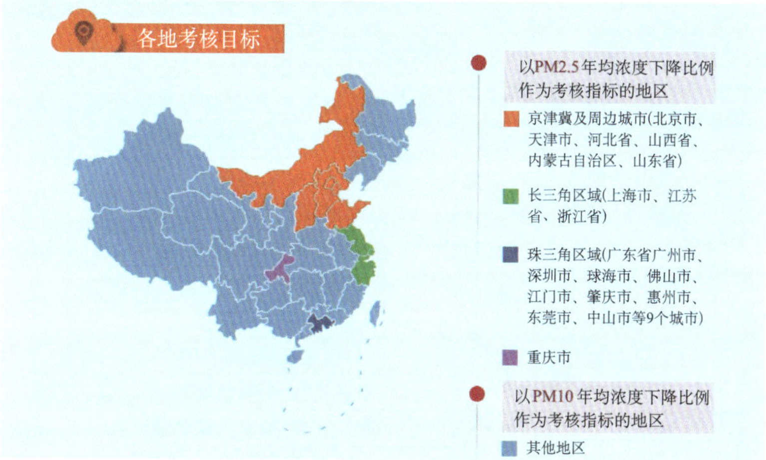

图 4－2　各地考核目标

导同志约谈省级人民政府主要负责人。

在考核指标设置上，按照空气质量改善目标完成情况进行考核；在考核方式选择上，在传统综合打分的基础上，切实强化空气质量改善的刚性约束作用，终期考核实施质量改善绩效"一票否决"。在考核手段运用上，强化日常监管、突击检查与日常监管相结合。在考核方法上，年度考核采用评分法，对空气质量改善目标与大气污染防治重点任务完成情况（见表4-2、表4-3）分别打分，终期考核和全国除京津冀及周边地区、长三角区域、珠三角区域以外的其他地区的年度考核，仅考核空气质量改善目标完成情况。

表4-2 空气质量改善目标完成情况

分值	单项指标名称	单项指标分值
100	PM 2.5 或 PM 10 年均浓度下降比例（％）	100

表4-3 大气污染防治重点任务完成情况

分值	序号	单项指标名称	单项指标分值	子指标名称	子指标分值
100	1	产业结构调整优化	12	产能严重过剩行业新增产能控制	2
				产能严重过剩行业违规在建项目清理	2
				落后产能淘汰	6
				重污染企业环保搬迁	2
	2	清洁生产	6	重点行业清洁生产审核与技术改造	6
	3	煤炭管理与油品供应	10	煤炭消费总量控制	0 (6)[1] (8)[2]
				煤炭洗选加工	4 (0)[1,2]
				散煤清洁化治理	0 (2)[1]
				国四与国五油品供应	6 (2)[1,2]
	4	燃煤小锅炉整治	10	燃煤小锅炉淘汰	8
				新建燃煤锅炉准入	2
	5	工业大气污染治理	15	工业烟粉尘治理	8
				工业挥发性有机物治理	7
	6	城市扬尘污染控制	8	建筑工地扬尘污染控制	4
				道路扬尘污染控制	4

续表

分值	序号	单项指标名称	单项指标分值	子指标名称	子指标分值
100	7	机动车污染防治	12	淘汰黄标车	7
				机动车环保合格标志管理	2 (1)[1,2]
				新能源汽车推广	0 (1)[1,2]
				机动车环境监管能力建设	1
				城市步行和自行车交通系统建设	2
	8	建筑节能与供热计量	5	新建建筑节能	5 (2)[3]
				供热计量	0 (3)[3]
	9	大气污染防治资金投入	6	地方各级财政、企业与社会大气污染防治投入情况	6
	10	大气环境管理	16	年度实施计划编制	2
				台账管理	1
				重污染天气监测预警应急体系建设	5
				大气环境监测质量管理	3
				秸秆禁烧	1
				环境信息公开	4

注：1. 子指标分值中括号外右上角标注"1"的，括号内为北京市、天津市、河北省分值。
    2. 子指标分值中括号外右上角标注"2"的，括号内为山东省、上海市、江苏省、浙江省、广东省分值。
    3. 子指标分值中括号外右上角标注"3"的，括号内为北方采暖地区的分值。北方采暖地区包括北京市、天津市、河北省、山西省、内蒙古自治区、辽宁省、吉林省、黑龙江省、山东省、河南省、陕西省、甘肃省、青海省、宁夏回族自治区、新疆维吾尔自治区。

二、加强重点区域大气污染治理

当前治理大气污染，应在雾霾天气频发的重点区域采取更有力的污染治理措施。依据地理特征、社会经济发展水平、大气污染程度、城市空间分布以及大气污染物在区域内的输送规律，将规划区域划分为重点控制区和一般控制区，实施差异化的控制要求，制定有针对性的污染防治策略。对重点控制区，实施更严格的环境准入条件，执行重点行业污染物特别排放限值。

加强重点区域大气污染治理，要建立大气污染区域联防联控机制。由于大气污染物跨界流动的特性，"各自为战"难以解决大气污染防治的问题，必须在同一空气域内"统一规划、统一监测、统一监管、统一评估、统一协调"。北京市、天津市、石家庄市对 PM2.5 源解析研究的结果表明，区域传输占 22％～36％。北京奥运会、上海世博会、广州亚运会空气质量保障工作的成功经验证明，实施区域大气污染联防联控工作机制，是改善区域空气质量的有效途径。

《大气十条》提出建立京津冀、长三角区域大气污染防治协作机制，由区域内各省（区、市）人民政府和国务院有关部门负责同志参加，建立区域信息共享、环评会商、联合执法、重污染天气监测预警和应急响应等制度，统筹协调解决区域大气环境问题。

2013 年 10 月，京津冀及周边地区正式启动了大气污染防治协作机制，依照"责任共担、信息共享、协商统筹、联防联控"的工作原则，北京等六省区市和环境保护部等国家部委，执行信息共享、空气污染预报预警、联动应急响应、环评会商机制以及联合执法机制等一系列工作制度，加大区域大气污染防治协作力度。2014 年，长三角区域、珠三角区域也正式启动了大气污染防治区域协作机制。

案例——APEC 蓝

北京 APEC 会议期间，为保障空气质量，京津冀等华北地区多省市步调一致，各尽其力，联防联控，采取了一系列"史上最严"的保障蓝天措施。人努力天帮忙，这些得力的措施为北京留住了"APEC 蓝"，保住了新鲜空气。

督导治理。2014 年 11 月 1 日起，北京、天津、河北、山东、山西、内蒙古六省（区）市环保监测部门联防联控，每日视频通报空气质量，共享监测数据，预判未来空气质量变化。为保障 APEC 期间空气质量，环境保护部派出 16 个督导小组督导治理行动。

实施应急减排措施。2014年11月6日起，实施最高一级空气重污染应急减排措施的范围进一步扩大至山东省，要求尽可能采取限、停产措施。环境保护部派出16个督查组，于2014年11月2日起进驻七省份督查。

处理相关责任人。2014年11月1日至2014年11月7日，一周内，仅石家庄市就处理相关责任人29人，另有5家企业负责人和4名焚烧责任人被行政拘留。保定涞水县原住建局长被免职，衡水、邯郸等市县空气质量指数一度大于300，第二天，空气质量指数（AQI）大于300的衡水、邯郸、辛集以及21个县（市）名单被公布在媒体上。因落实不力，河南省安阳市市长被华北环境保护督查中心约谈，河南省环保厅厅长、副厅长参加约谈会。同时，山西省太原市也有6名官员被约谈。

机动车限行与管控。北京、河北、天津等八个城市采取汽车单双号限行政策，机关单位的公车封存70％。由于实行机动车单双号限行、渣土车等禁行限行和外埠进北京车辆禁行限行和过境机动车绕行等措施，使得会期机动车路上行驶数量下降、路网平均速度提升，机动车污染物排放总量明显下降，再加上"搅拌器"作用降低，从而减少了路面扬尘的生成。

燃煤和工业企业停限产。河北2 000多家企业临时停产，1 900多家企业限产，1 700多处工地停工。河北省五个层面的46个督导组到各地督查各项措施的落实情况。

工地停工。APEC会议期间，北京全市行政区域内的所有工地（抢险抢修工程除外）全部停工。北京市住建委要求，停工同时，要做好停工期间的施工扬尘治理工作。

加强城市道路保洁。会议期间，北京市重点道路加密"吸、扫、冲、收"作业，基本实现每日冲洗，此项措施与工地停工的减排贡献基本相当。

调休放假。2014年APEC会议期间北京放假调休6天。

北京市环保局评估了APEC空气质量保障措施效果。结果显示，APEC会议期间，北京市二氧化硫、氮氧化物、PM 10、PM 2.5和挥发性有机物等排放分别削减了约39.2％、49.6％、66.6％、61.6％和33.6％，平均削减50％左右。北京市PM 2.5浓度为43微克/立方米；PM 2.5浓度削减了19.8微克/立方米左右，区域污染传输的减少贡献6.8微克/立方米左右。按保障措施对PM 2.5下降的贡献，北京市环保局的评估给出了顺序，机动车限行与管控排在第一位，贡献了 39.5%；接着是燃煤和工业企业停限产，贡献了 17.5%；工地停工和道路清洁贡献了 19.9%；北京市机关事业单位放假调休 6 天贡献了 12.4%。

三、优化调整产业和能源结构

治理大气污染既与民生紧密相连，也是转方式、调结构的关键措施。要减少污染物排放，必须严控高耗能、高污染行业新增产能，大力推行清洁生产，加快调整能源结构。

一是优化能源消费结构。加快调整能源结构，减少煤炭的使用，增加清洁能源供应，控制煤炭消费总量，加快清洁能源替代利用，推进煤炭清洁利用，提高能源利用效率。"十三五"期间，将以京津冀及周边地区、长三角、珠三角、东北地区为重点，控制区域煤炭消费总量，推进重点城市"煤改气"工程，新增用气 450 亿立方米，替代燃煤锅炉 18.9 万蒸吨。

二是推进产业结构优化升级。推进产业结构优化升级，压缩过剩产能，是治理 PM 2.5 污染的治本之策。严控钢铁、电解铝、焦炭等"两高"行业新增产能，新、改、扩建项目等量或减量置换掉落后产能，压缩过剩产能，坚决停建产能严重过剩行业违规在建项目，化解钢铁、水泥、电解铝、平板玻璃、船舶等行业产能严重过剩矛盾，推动产业结构优化和大气污染治理。

三是全面推行清洁生产。对钢铁、水泥、化工、石化、有色金属冶炼等重点行业进行清洁生产审核，针对节能减排关键领域和薄弱环节，采用先进适用的技术、工艺和装备，实施清洁生产技术改造。推进非有机溶剂型涂料和农药等产品创新，减少生产和使用过程中挥发性有机物排放。积极开发缓释肥料新品种，减少化肥施用过程中氨的排放。

四是大力发展循环经济。鼓励产业集聚发展，实施园区循环化改造，推进能源梯级利用、水资源循环利用、废物交换利用、土地节约集约利用，促进企业循环式生产、园区循环式发展、产业循环式组合，构建循环型工业体系。推动水泥、钢铁等工业窑炉、高炉实施废物协同处置。大力发展机电产品再制造，推进资源再生利用产业发展。

四、严格控制工业大气污染

工业领域的大气污染物排放主要来源于火电、钢铁、焦化、水泥、化工制造和有色金属冶炼等重点行业，包括火电行业的二氧化硫、氮氧化物、烟尘排放，钢铁、石化等行业的烟气二氧化硫、颗粒物排放，燃煤工业锅炉烟尘排放，水泥行业氮氧化物、粉尘排放，工业炉窑颗粒物排放，石化、有机化工、合成材料、化学药品原药制造、塑料产品制造、装备制造涂装、通信设备计算机及其他电子设备制造、包装印刷等行业的挥发性有机物排放，以及这些重点行业有毒废气排放。

严格控制工业大气污染，一是持续推进主要污染物总量减排。持续实行总量控制制度，并将主要污染物总量削减作为经济社会发展的约束性指标，其中"十三五"规划纲要提出二氧化硫、氮氧化物排放总量均要削减15%，建立覆盖所有固定污染源的企业排放许可制，实行排污许可"一证式"管理，严格控制企事业单位污染物排放总量。

二是全面整治燃煤小锅炉。加快推进集中供热、"煤改气""煤改电"工程建设。在供热供气管网不能覆盖的地区，改用电、新能源或洁净煤，推广应用高效节能环保型锅炉。在化工、造纸、印染、制革、制药等产业集聚区，通过集中建设热电联产机组逐步淘汰分散燃煤锅炉。

三是加快重点行业脱硫、脱硝、除尘改造工程建设。所有燃煤电厂、钢铁企业的烧结机和球团生产设备、石油炼制企业的催化裂化装置、有色金属冶炼企业都要安装脱硫设施，每小时20蒸吨及以上的燃煤锅炉要实施脱硫。除循环流化床以外的燃煤要实施脱硫。除循环流化床锅炉以外的燃煤机组均应安装脱硝设施，新型干法水泥窑要实施低氮燃烧技术改造并安装脱硝设施。燃煤锅炉和工业窑炉现有除尘设施要实施升级改造。

四是推进挥发性有机物污染治理。在石化、有机化工、表面涂装、包装印刷等行业实施挥发性有机物综合整治，在石化行业开展泄漏检测与修复技术改造。限时完成加油站、储油库、油罐车的油气回收治理，在原油成品油码头积极开展油气回收治理。完善涂料、胶粘剂等产品挥发性有机物限值标准，推广使用水性涂料，鼓励生产、销售和使用低毒、低挥发性有机溶剂。"十三五"期间，将在重点区域、重点行业推进挥发性有机物排放总量控制，全国排放总量下降10%以上。

五是加快企业技术改造，提高科技创新能力。加强灰霾、臭氧的形成机理、来源解析、迁移规律和监测预警等研究，支持企业技术中心、国家重点实验室、国家工程实验室建设，推进大型大气光化学模拟仓、大型气溶胶模拟仓等科技基础设施建设。加强脱硫、脱硝、高效除尘、挥发性有机物控制、柴油机（车）排放净化、环境监测，以及新能源汽车、智能电网等方面的技术研发，推进技术成果转化应用。加强大气污染治理先进技术、管理经验等方面的国际交流与合作。

五、强化机动车污染防治

环境保护部 2015 年公布的《中国机动车污染防治年报》统计，2014 年年底全国机动车保有量达到 2.46 亿辆（其中汽油车占 84.7%），汽车尾气成为机动车污染物排放总量的主要来源，其排放的氮氧化物和颗粒物超过 90%，碳氢化合物和一氧化碳超过 80%，是造成光化学烟雾和灰霾的主因。占汽车保有量 6.8% 的"黄标车"排放了 45.4% 的氮氧化物、49.1% 的碳氢化合物、47.4% 的一氧化碳和 74.6% 的颗粒物。

机动车污染物防治是系统工程，要从"车、油、路"三方面进行管控。2014 年，发展改革委、环境保护部、科技部等十二部委联合印发《加强"车、油、路"统筹，加快推进机动车污染综合防治方案》。明确提出淘汰黄标车和老旧车，推广新能源汽车，油品质量升级，强化城市交通管理等年度目标和具体任务，并将责任分解到各相关部门，建立协调机制，统筹推进"车、油、路"各项工作。

降低机动车污染，要以控制移动源为突破点。一是全面落实机动车排放标准，鼓励重点地区提前实施第五阶段排放标准。二是加快推进黄标车和老旧车辆淘汰进程。三是加快提升车用燃油品质，推进车用燃油清洁化进程，严格按照油品升级时间要求，确保如期供应合格油品。四是加强机动车环保监管能力建设，全面提高机动车排放水平。五是加强城市交通管理。优化城市功能和布局规划，推广智能交通管理，缓解城市交通拥堵。实施公交优先战略，提高公共交通出行比例，加强步行、自行车交通系统建设。根据城市发展规划，合理控制机动车保有量，北京、上海、广州等特大城市要严格限制机动车保有量。通过鼓励绿色出行、增加使用成本等措施，降低机动车使用强度。

六、深化面源污染治理

对于大气面源污染，要设定相关的法律标准，并严格落实。从建设美丽社区、美丽乡村、美丽城市入手，建设美丽家园、美丽中国。

一是综合整治城市扬尘。加强施工扬尘监管，积极推进绿色施工，建设工程施工现场应全封闭设置围挡墙，严禁敞开式作业，施工现场道路应进行地面硬化。渣土运输车辆应采取密闭措施，并逐步安装卫星定位系统。推行道路机械化清扫等低尘作业方式。大型煤堆、料堆要实现封闭储存或建设防风抑尘设施。推进城市及周边绿化和防风防沙林建设，扩大城市建成区绿地规模。

二是开展餐饮油烟污染治理。城区餐饮服务经营场所应安装高效油烟净化设施，推广使用高效净化型家用吸油烟机。

三是控制农村面源污染。推广农村生态管理，推动秸秆还田和资源化，严禁秸秆焚烧，推广清洁炉灶，改善农村室内外空气质量。

七、创新大气环境管理政策措施

大气污染控制时间紧、任务重。我们既要借鉴西方发达国家治理大气污染的经验，又要结合我国国情和发展阶段，改革创新，用新理念、新思路、新方法来进行综合治理，发挥体制和制度优势，尽量缩短污染治理进程。

要以贯彻落实国务院《大气污染防治行动计划》为契机，建立健全重污染天气的预警应急机制。强化《大气污染防治行动计划》监督考核。开展《排污许可证管理条例》《机动车污染防治条例》前期研究论证工作。加大大气污染防治资金投入力度，着力推进重点治污项目和区域空气质量监测、监控能力建设。加强大气颗粒物来源解析，提高污染防治的针对性。强化城市空气质量分类管理，加强区域环境执法监管。完善环境经济政策，积极探索征收扬尘和挥发性有机物排污费，开展环境污染强制责任保险试点。强化监督考核，严格落实地方政府的治污责任。加大环境信息公开力度，自觉接受社会监督。

八、深入开展"同呼吸 共奋斗"全民行动

大气污染防治是涉及诸多方面的一项系统工程，需要全社会的共同努力，形成政府、企业、公众参与的社会共治格局。地方各级人民政府要对本行政区域内的大气环境质量负总责，企业是大气污

染治理的责任主体，引导公众从自身做起、从点滴做起、从身边的小事做起，倡导文明、节约、绿色的生产方式、消费模式和生活习惯。

知识链接——《"同呼吸　共奋斗"公民行为准则》

> 　　环境保护部发布了《"同呼吸　共奋斗"公民行为准则》，共有八个方面内容，分别是：关注空气质量、做好健康防护、减少烟尘排放、坚持低碳出行、选择绿色消费、养成节电习惯、举报污染行为、共建美丽中国。倡导公众践行低碳、绿色生活方式和消费模式，积极参与大气污染防治和环境保护。

第五章

水污染防治

水环境保护事关人民群众切身利益，事关全面建成小康社会，事关实现中华民族伟大复兴中国梦。当前，我国一些地区水环境质量差、水生态受损重、环境隐患多等问题十分突出，影响和损害群众健康，不利于经济社会持续发展。在此形势下，迫切需要以改善水环境质量为核心，按照"节水优先、空间均衡、系统治理、两手发力"原则，贯彻"安全、清洁、健康"方针，强化源头控制，水陆统筹、河海兼顾，对江河湖海实施分流域、分区域、分阶段科学治理，系统推进水污染防治、水生态保护和水资源管理，为建设"蓝天常在、青山常在、绿水常在"的美丽中国而奋斗。

第一节　水污染防治进展与形势

党中央、国务院高度重视水环境保护工作。自"九五"开始，国家先后将十个流域列为水污染防治重点领域，集中力量对"三河三湖"等重点流域进行综合整治，连续实施了四期重点流域水污染治理五年规划。近年来，国家大力推进污染减排，先后将化学需氧量、氨氮排放总量削减作为经济社会发展的约束性指标，水污染防治工作力度、设施建设、政策举措等积极因素明显增多，水环境质量稳中趋好。"十二五"期间，全国化学需氧量、氨氮排放总量分别比 2010 年下降了 12.9％和 13％；全国达到或好于Ⅲ类水质比例提高 14.6 个百分点，劣Ⅴ类水质比例下降 6.8 个百分点，地表水化学需氧量平均浓度下降近三分之一。截至 2015 年，全国七大水系中国控断面好于Ⅲ类断面、地表水国控断面劣Ⅴ类水质的比例分别为 67.49％、9.39％；全国设市城市污水处理率提高至 91.97％；338 个地级以上城市达标取水量为 345.06 亿吨，占取水总量的 97.1％；22％的规模化养殖场和养殖小区实施了减排工程。

知识链接——地表水体按功能高低分为五类（GB3838—2002）

依据地表水水域环境功能和保护目标，按功能高低依次划分为五类：

Ⅰ类　主要适用于源头水、国家自然保护区；

Ⅱ类　主要适用于集中式生活饮用水地表水源地一级保护区、珍稀水生生物栖息地、鱼虾类产卵场、仔稚幼鱼的索饵场等；

Ⅲ类　主要适用于集中式生活饮用水地表水源地二级保护区、鱼虾类越冬场、洄游通道、水产养殖区等渔业水域及游泳区；

Ⅳ类　主要适用于一般工业用水区及人体非直接接触的娱乐用水区；

Ⅴ类　主要适用于农业用水区及一般景观要求水域。

对应地表水上述五类水域功能，将地表水环境质量标准基本项目标准分为五类，不同功能类别分别执行相应类别的标准值。水域功能类别高的标准值严于水域功能类别低的标准值。同一水域兼有多类使用功能的，执行最高功能类别对应的标准值。实现水域功能与达标功能类别标准为同一含义。

我国水环境质量虽然进一步改善，但水污染防治形势依然十分严峻（见图 5-1）。

一是水环境质量差。目前，我国工业、农业和生活污染排放负荷大，全国化学需氧量排放总量为 2 223.5 万吨，氨氮排放总量为 229.9 万吨，远超环境容量。全国地表水国控断面中，仍有近 1/10（8.8%）丧失水体使用功能（劣于 V 类），30.65% 的湖库水质劣于 III 类标准，22.95% 的重点湖泊（水库）呈富营养状态；不少流经城镇的河流沟渠黑臭。截至 2014 年，11.6% 的地级以上城市集中式饮用水水质水源不达标，饮用水污染事件时有发生。全国 5 118 个地下水水质监测点中，较差的监测点比例为 42.5%，极差的比例为 18.8%。全国 9 个重要海湾中，6 个水质为差或极差。

二是水资源保障能力低。我国人均水资源量少，时空分布严重不均。用水效率低下，水资源浪费严重。万元工业增加值用水量为世界先进水平的 2～3 倍；农田灌溉水有效利用系数 0.52，远低于 0.7～0.8 的世界先进水平。局部水资源过度开发，超过水资源可再生能力。海河、黄河、辽河流域水资源开发利用率分别高达 106%、82%、76%，远远超过国际公认的 40% 的水资源开发生态警戒线，严重挤占生态流量，水环境自净能力锐减。全国地下水超采区面积达 23 万平方公里，引发地面沉降、海水入侵等严重生态环境问题。

三是水生态受损重。湿地、海岸带、湖滨、河滨等自然生态空间不断减少，导致水源涵养能力下降。三江平原湿地面积已由新中国成立初期的 5 万平方公里减少至 0.91 万平方公里，海河流域主要湿地面积减少了 83%。长江中下游的通江湖泊由 100 多个减少至仅剩洞庭湖和鄱阳湖，且持续萎缩。沿海湿地面积大幅度减少，近岸海域生物多样性降低，渔业资源衰退严重，自然岸线保有率不足 35%。

四是水环境隐患多。全国近 80% 的化工、石化项目布设在江河沿岸、人口密集区等敏感区域，部分饮用水水源保护区内仍有违法排污、交通线路穿越等现象，对饮水安全构成潜在威胁。突发环境事件频发，1995年以来，全国共发生1.1万起突发水环境事件，仅2014年环境保护部调度处理并上报的82起重大及敏感突发环境事件中，就有60起涉及水污染，严重影响人民群众生产生活，因水环境问题引发的群体性事件呈显著上升趋势，国内外反映强烈。

水环境质量差
工农业和生活污染排放负荷大，远超环境容量，全国地表水国控断面中近十分之一劣于Ⅴ类；饮用水污染事件时有发生；全国9个重要海湾中，6个水质为差或极差

水资源保障能力低
用水效率低下，水资源浪费严重；局部水资源过度开发，超过水资源可再生能力

水生态受损严重
三江平原湿地面积已由新中国成立初期的5万平方公里减少至0.91万平方公里，海河流域主要湿地面积减少了83%；长江中下游的通江湖泊由100多个减少至仅剩洞庭湖和鄱阳湖；沿海湿地大幅度减少，近岸海域生物多样性降低

水环境隐患多
80%的化工、石化项目布设在江河沿岸、人口密集区等敏感区域；环境事件频发，1995年以来共发生1.1万起

图5-1　我国水污染防治形势严峻

第二节　水污染防治主要目标

2015年4月16日，国务院印发《水污染防治行动计划》（以下简称《水十条》），这是当前和今后一个时期我国水污染防治工作的

行动指南，标志着我国水污染治理进入新阶段。

知识链接——《水十条》条款内容

```
一、全面控制污染物排放

二、推动经济结构转型升级

三、着力节约保护水资源

四、强化科技支撑

五、充分发挥市场机制作用

六、严格环境执法监管

七、切实加强水环境管理

八、全力保障水生态环境安全

九、明确和落实各方责任

十、强化公众参与和社会监督
```

《水十条》确定的工作目标是：到 2020 年，全国水环境质量得到阶段性改善，污染严重水体较大幅度减少，饮用水安全保障水平持续提升，地下水超采得到严格控制，地下水污染加剧趋势得到初步遏制，近岸海域环境质量稳中趋好，京津冀、长三角、珠三角等区域水生态环境状况有所好转。到 2030 年，力争全国水环境质量总体改善，水生态系统功能初步恢复。到 21 世纪中叶，生态环境质量全面改善，生态系统实现良性循环。

主要指标：到 2020 年，长江、黄河、珠江、松花江、淮河、海河、辽河等七大重点流域水质优良（达到或优于Ⅲ类）比例总体达到 70％以上，地级及以上城市建成区黑臭水体均控制在 10％以内，地级及以上城市集中式饮用水水源水质达到或优于Ⅲ类比例总体高于 93％，全国地下水质量极差的比例控制在 15％左右，近岸海域水质优良（Ⅰ、Ⅱ类）比例达到 70% 左右。京津冀区域丧失使用功能（劣于Ⅴ类）的水体断面比例下降 15 个百分点左右，长三角、珠三角区域力争消除丧失使用功能的水体。到 2030 年，全国七大重点流域水质优良比例总体达到 75% 以上，城市建成区黑臭水体总体得到消除，城市集中式饮用水水源水质达到或优于Ⅲ类比例总体为 95% 左右（见图 5-2）。

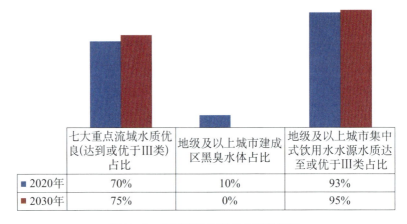

	七大重点流域水质优良(达到或优于Ⅲ类)占比	地级及以上城市建成区黑臭水体占比	地级及以上城市集中式饮用水水源水质达至或优于Ⅲ类占比
■ 2020年	70%	10%	93%
■ 2030年	75%	0%	95%

图 5-2　水污染防治部分主要指标图

第三节　水污染防治主要措施

《水十条》按照"节水优先、空间均衡、系统治理、两手发力"的原则，贯彻"安全、清洁、健康"方针，着眼于提供良好水质、水生态环境这一基本公共服务，除总体要求、工作目标和主要指标外，可分为四大部分。一至三条为第一部分，提出了控制排放、促进转型、节约资源等任务，体现治水的系统思路；四至六条为第二部分，提出了科技创新、市场驱动、严格执法等任务，发挥科技引领和市场决定性作用，强化严格执法；七至八条为第三部分，提出了强化管理和保障水环境安全等任务；九至十条为第四部分，提出了落实责任和全民参与等任务，明确了政府、企业、公众各方面的责任。

总体来看，《水十条》围绕改善水环境质量这一主线，提出明确四大主体责任、统筹处理五大关系、构建七类机制、创新八项制度、以法治手段做好水污染防治工作等一系列任务和举措（见图 5‑3），用硬措施落实硬任务，针对性地提出了十条 35 款 76 项，共 238 个具体措施（见图 5‑4）。措施责任主体清、量化指标高、时间节点明，可操作、可测量、可考核。

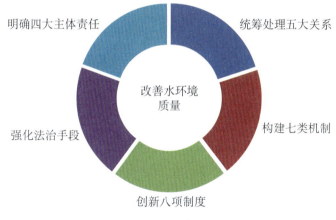

明确四大主体责任　　　统筹处理五大关系

改善水环境
质量

强化法治手段　　　构建七类机制

创新八项制度

图 5‑3　《水十条》亮点

一、逐条分解任务，强化责任要求

从中央层面看，部门责任更加明确，每一项举措均明确了牵头、参与和落实部门。《水十条》共提出了 76 类举措，其中 11 类设置了一个以上的牵头部门。其余 65 类中，环境保护部牵头或负责的项目最多，达 33 类。接下来，依次为住房和城乡建设部 6 类，水利部 5 类，农业部 4 类，工业和信息化部、国家发展改革委、财政部各 3

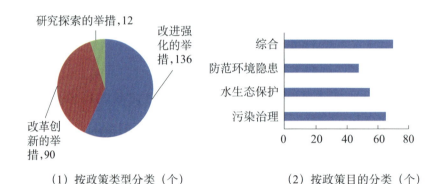

（1）按政策类型分类（个）　　　　　　（2）按政策目的分类（个）

图 5-4　水污染防治任务措施分类图

类，交通运输部、国土资源部、科技部各 2 类，中国人民银行和国务院法制办各 1 类。加上共同牵头的国家税务总局、国家海洋局、国家林业局，牵头部门达 15 个。对行业主管部门实施抓行业管理和抓行业环保"一岗双责"（见图 5-5）。

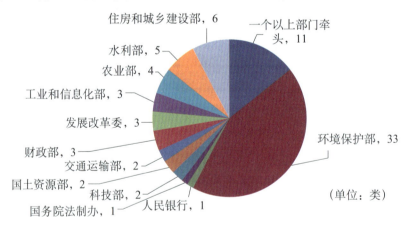

图 5-5　具体措施负责部门示意图

从地方层面看，新《环境保护法》规定要落实地方政府的环境治理改善责任，《水十条》明确改善水环境质量是地方政府的主要职责，除明确地方各级人民政府负责《水十条》各项任务措施的落实外，还提出了地方主导的任务，共 16 项（见表 5-1）。明确各级地方人民政府要分别制定并公布水污染防治工作方案，逐年确定分流域、分区域、分行业的重点任务和年度目标，要把"什么地方治成什么样"等阶段性进展向社会公开，同时要明确责任人，公布环境质量信息，公开达标进程。国务院与各省（区、市）人民政府签订水污染防治目标责任书，分解落实目标任务，切实落实"一岗双责"。每年分流域、分区域、分海域对行动计划实施情况进行考核，考核结果向社会公布。在对地方的后续手段上，提出了区域限批、挂牌督办、约谈、取消荣誉称号、减少资金支持等一系列措施，切实推动地方政府水污染防治责任落实。

表 5-1 地方政府主要任务

序号	内　　容	所在条款
1	自 2015 年起，各地要依据部分工业行业淘汰落后生产工艺装备和产品指导目录、产业结构调整指导目录及相关行业污染物排放标准，结合水质改善要求及产业发展情况，制定并实施分年度的落后产能淘汰方案	推动经济结构转型升级
2	地方各级人民政府要重点支持污水处理、污泥处理处置、河道整治、饮用水水源保护、畜禽养殖污染防治、水生态修复、应急清污等项目和工作。对环境监管能力建设及运行费用分级予以必要保障	充分发挥市场机制作用
3	各地可结合实际，研究起草地方性水污染防治法规	严格环境执法监管
4	各地可制定严于国家标准的地方水污染物排放标准	严格环境执法监管
5	流域上下游各级政府、各部门之间要加强协调配合、定期会商，实施联合监测、联合执法、应急联动、信息共享	严格环境执法监管
6	各市、县应自 2016 年起实行环境监管网格化管理	严格环境执法监管
7	明确各类水体水质保护目标，逐一排查达标状况。未达到水质目标要求的地区要制定达标方案，将治污任务逐一落实到汇水范围内的排污单位，明确防治措施及达标时限，方案报上一级人民政府备案，自 2016 年起，定期向社会公布	切实加强水环境管理

续表

序号	内　容	所在条款
8	地方各级人民政府要制定和完善水污染事故处置应急预案，落实责任主体，明确预警预报与响应程序、应急处置及保障措施等内容，依法及时公布预警信息	切实加强水环境管理
9	地方各级人民政府及供水单位应定期监测、检测和评估本行政区域内饮用水水源、供水厂出水和用户水龙头水质等饮水安全状况。地级及以上城市自 2016 年起每季度向社会公开。自 2018 年起，所有县级及以上城市饮水安全状况信息都要向社会公开	全力保障水生态环境安全
10	单一水源供水的地级及以上城市应于 2020 年年底前基本完成备用水源或应急水源建设，有条件的地方可以适当提前。加强农村饮用水水源保护和水质检测	全力保障水生态环境安全
11	环境容量较小、生态环境脆弱、环境风险高的地区，应执行水污染物特别排放限值。各地可根据水环境质量改善需要，扩大特别排放限值实施范围	全力保障水生态环境安全
12	沿海地级及以上城市实施总氮排放总量控制	全力保障水生态环境安全
13	地级及以上城市建成区应于 2015 年年底前完成水体排查，公布黑臭水体名称、责任人及达标期限；于 2017 年年底前实现河面无大面积漂浮物，河岸无垃圾，无违法排污口；于 2020 年年底前完成黑臭水体治理目标	全力保障水生态环境安全
14	各级地方人民政府是实施本行动计划的主体，要于 2015 年年底前分别制定并公布水污染防治工作方案，逐年确定分流域、分区域、分行业的重点任务和年度目标。要不断完善政策措施，加大资金投入，统筹城乡水污染治理，强化监管，确保各项任务全面完成。各省（区、市）工作方案报国务院备案	明确和落实各方责任
15	国务院与各省（区、市）人民政府签订水污染防治目标责任书，分解落实目标任务，切实落实"一岗双责"。每年分流域、分区域、分海域对行动计划实施情况进行考核，考核结果向社会公布	明确和落实各方责任
16	各省（区、市）人民政府要定期公布本行政区域内各地级市（州、盟）水环境质量状况	强化公众参与和社会监督

从企业层面看，依法落实企事业单位水污染防治主体责任，明确企事业单位节水减污、风险防范、达标排放、自主监测、信息公开等法律义务，加大环境违法行政处罚与民事赔偿力度，强化企事业单位环境刑事责任追究，明确企事业单位的水环境修复责任，推行生产者责任延伸制度。健全节水环保"领跑者"制度，鼓励节能减排先进企业、工业集聚区用水效率、排污强度等达到更高标准。鼓励社会资本加大水环境保护投入，发展环保服务总承包模式、政府和社会资本合作模式等，推行环境污染第三方治理。

从公众角度看，国家依法公开水污染防治相关信息，主动接受社会监督。邀请公众、社会组织全程参与重要环保执法行动和重大水污染事件调查，树立"节水洁水，人人有责"的行为准则，支持民间环保机构、志愿者开展工作。倡导绿色消费新风尚，推动节约用水，鼓励购买使用节水产品和环境标志产品，构建全民行动格局。

从时间要求看，《水十条》有明确时间节点的任务 63 项，其中有 6 项要求京津冀、长三角、珠三角等区域提前一年完成，2017、2020 年最多，分别为 21 和 22 项（见图 5-6）。

二、紧扣质量核心，突出重点难点

改善水环境质量是《水十条》的最终目标。《水十条》强化水环境质量目标管理，推进我国环境管理逐步由总量控制向环境质量目标管理转型，共有 65 项专门针对改善水环境质量的措施，以环境质量是否改善作为判断各项工作成效的标准，统领各项工作有序开展。

一是全面控源。全面控制污染物排放。针对工业、城镇生活、

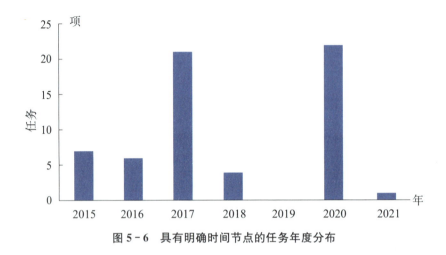

图 5-6　具有明确时间节点的任务年度分布

农业农村和船舶港口等污染来源，提出了相应的减排措施。包括依法取缔小型造纸、制革、印染、染料、炼焦、炼硫、炼砷、炼油、电镀、农药等"十小"企业，专项整治造纸、焦化、氮肥、有色金属、印染、农副食品加工、原料药制造、制革、农药、电镀等"十大"重点行业，集中治理工业集聚区污染；加快城镇污水处理设施建设改造，推进配套管网建设和污泥无害化处理处置；防治畜禽养殖污染，控制农业面源污染，开展农村环境综合整治；提高船舶污染防治水平。

二是明确质量目标。《水十条》提出了一系列水环境质量目标，整合重点流域水污染防治规划、重要江河湖泊水功能区划等工作成果，明确各水体水质目标。到 2020 年，长江、珠江总体水质达到优良，松花江、黄河、淮河、辽河在轻度污染基础上进一步改善，海河污染程度得到缓解。三峡库区水质保持良好，南水北调、引滦入津等调水工程确保水质安全。太湖、巢湖、滇池富营养化水平有所好转。白洋淀、乌梁素海、呼伦湖、艾比湖等湖泊污染程度减轻。

环境容量较小、生态环境脆弱、环境风险高的地区，应执行水污染物特别排放限值。对各类水体细化分区分类，明确各自质量目标。

三是深化重点领域防治。一方面，逐一排查各水体单元水质状况，明确达标时限、措施任务、工程项目，并分解落实到责任主体，实现"一河一策"，公开评估考核结果、达标方案、达标时限等信息，接受公众监督。另一方面，将七大重点流域、九个重点河口海湾、三个重点区域、36个重点城市作为重中之重，编制相应水污染防治规划。强化集中式地下水型饮用水水源补给区、京津冀等区域内地下水污染防治。加强环境风险防范，定期评估沿江河湖库工业企业、工业集聚区现有化学物质环境和健康风险，落实防控措施。

案例——河长制

"河长制"是在太湖蓝藻暴发后，无锡市委、市政府自加压力的举措。

2007年8月23日，无锡市委办公室和无锡市人民政府办公室印发了《无锡市河（湖、库、荡、汊）断面水质控制目标及考核办法（试行）》，明确指出将河流断面水质的检测结果"纳入各市（县）、区党政主要负责人政绩考核内容"。这份文件的出台，被认为是无锡推行"河长制"的起源。自此，无锡市党政主要负责人分别担任了64条河流的"河长"，真正把各项治污措施落实到位。

2008年，江苏省政府决定在太湖流域借鉴和推广无锡首创的"河长制"。之后，江苏全省15条主要入湖河流已全面实行"双河长制"。每条河由省、市两级领导共同担任"河长"，"双河长"分工合作，协调解决太湖和河道治理的重任，一些地方还设立了市、县、镇、村的四级"河长"管理体系，这些自上而下、大大小小的"河长"实现了对区域内河流的"无缝覆盖"，强化了对入湖河道水质达标的责任。淮河流域、滇池流域的一些省市也纷纷设立"河长"，由这些地方的各级党政主要负责人分别承包一条河，担任"河长"，负责督办截污治污。

四是抓"两头"带中间。针对社会公众诉求和水污染防治工作阶段性特点，以保障人民群众身体健康为出发点，加大综合治理力度，加强良好水体保护，在"好水""差水"两头彰显治污成效，全面带动其他水体水质改善，让人民群众看得见享受到水环境改善。进一步提升饮用水安全保障水平，从水源到水龙头全过程监管饮用水安全，开展饮用水水源规范化建设，加强农村饮用水水源保护。消除大江大河劣Ⅴ类和小河小塘黑臭。

五是加强水生态系统保护。科学划定生态保护红线，科学确定生态流量，强化水源涵养林建设与保护，实施湿地修复重大工程，退耕还林、还草、还湿。制定实施重点流域水生生物多样性保护方案。加大滨海湿地、河口和海湾典型生态系统，以及重要渔业水域的保护力度。研究建立流域水生态环境功能分区管理体系。

六是消除城市黑臭水体。《水十条》提出，采取控源截污、垃圾清理、清淤疏浚、生态修复等措施，加大黑臭水体治理力度。定期向社会公布城市黑臭水体清单与治理进程。直辖市、省会城市、计划单列市建成区于 2017 年年底前基本消除黑臭水体。将水环境保护作为城市发展的刚性约束，解决建成区污水直排等瓶颈问题。

三、运用系统思维，全面综合统筹

一是水环境保护与经济协调发展的统筹。《水十条》贯彻以水环境保护倒逼经济结构调整，以环保产业发展腾出环境容量，以水资源节约拓展生态空间，以水生态保护创造绿色财富的思路。提出了调整产业结构、优化空间布局、推进循环发展等举措，既可以推动经济结构转型升级，也是治理水污染的重要手段。包括：加快淘汰落后产能；结合水质目标，严格环境准入；合理确定产业发展布局、结构和规模，以水定城、以水定地、以水定人、以水定产；以工业水循环利用、再生水和海水利用等推动循环发展等。

二是水污染防治、水资源管理和水生态保护的统筹。尊重客观规律，用系统思维统筹开发利用、治理配置、节约保护等多个环节，坚持节水即治污，强化节水和再生水利用，节水减污与增流增容并重。合理安排生产、生活、生态用水，将水资源合理开发、生态流量保障作为维护生态空间、促进生态恢复的重要手段。统筹考核用水总量、水环境质量，确保水环境质量不降低，水生态系统服务功能不削弱，严防水生态环境风险。明确提出要科学确定生态流量，加强江河湖库水量调度管理，维持河湖生态用水需求。构建水质、水量、水生态统筹兼顾、协同推进的格局。

三是从山顶到海洋各类水体的统筹。《水十条》以山水林田湖为生命共同体，尊重水的自然循环过程，监管污染物产生、排放、进入水体的全过程。统筹地表水和地下水、淡水和海水、大江大河与小沟小汊、好水与差水的关系，立足生态系统完整性和自然资源的双重属性，形成从地表到地下、从山顶到海洋的全要素、全过程和全方位的生态系统一体化管理。专门对饮用水、地下水和以重点流域为核心的地表、近岸海域、城市水体、湿地等水体提出了差异化的措施和要求，推进所有水体的系统保护。

四是陆海统筹。按照党的十八届三中全会要求建立陆海统筹的生态系统保护修复和污染防治区域联动机制的要求，打破区域、流域和陆海界线，完善流域协作机制，健全跨部门、区域、流域、海域水环境保护议事协调机制。统筹海洋环境保护与陆源污染防治、生态系统修复，健全污染物协同控制与区域联动机制，协同推进水污染防治工作。

五是工程措施与非工程措施的统筹。《水十条》提出的各类工程措施和管理措施相辅相成，工程措施着眼于"以项目治水洁水"，管理措施着眼于"用制度管水节水"。尤其强调科技、市场等非工程措施的应用。

四、改革体制机制，构建共治格局

按照国家生态文明体制改革、环境管理转型的总体要求，《水十条》提出改革创新水环境保护体制机制，依法施策与市场驱动并举，政府、企业、社会公众多主体共治，推动形成"政府统领、企业施治、市场驱动、公众参与"的水污染防治新机制。

一是加强部门联动。对行业主管部门实施抓行业管理和抓行业环保"一岗双责"，充分调动发挥环保、发改、科技、工业、财政、国土、交通、住建、水利、农业、卫生、海洋等部门力量，环境保护部要加强统一指导、协调和监督，形成合力、系统治理的新格局。建立全国水污染防治工作协作机制，定期研究解决重大问题。加快建立健全区域流域协作机制，加强水资源消费量控制与污染物排放控制的协调联动，明确提出流域上下游各级政府、各部门之间要加强协调配合、定期会商，实施联合监测、联合执法、应急联动、信息共享。目前，京津冀、长三角、珠三角等区域已建立水污染防治联动协作机制。

二是严格考核问责。国务院与各省（区、市）人民政府签订水污染防治目标责任书，实施地方环境保护"党政同责"，实施体现生态环保要求的政绩考核体系，每年分流域、分区域、分海域对行动计划实施情况进行考核，考核结果向社会公布，并作为对领导班子和领导干部综合考核评价的重要依据。综合考虑水环境质量及达标情况等因素，国家每年公布最差和最好的各 10 个城市名单和各省（区、市）水环境状况。对未通过年度考核的，要约谈省级人民政府及其相关部门有关负责人，提出整改意见，予以督促，对有关地区和企业实施建设项目环评限批。

三是健全监管体系。构建"全覆盖、多层级、网格化、立体化"监管模式，切实提高环境保护部门履职能力。严格执法监督，完善国家督查、省级巡查、地市检查监管体系，加强对地方人民政府和有关部门环保工作的监督。以生态环保职能优化整合和事权合理划分为突破口，重构水环境监测监管体系。完善水环境监测网络，统一规划设置监测断面（点位），对所有水污染物、水污染源和水环境介质实施统一监管。加大地表水、地下水、海洋、生态等环境监测资源统筹共享力度，实现水环境监测统一规划、统一管理、统一标准、统一信息发布。

四是推进多元共治。从政府一元管理走向政府、企业、社会公众多元共治。除强调政府职责外，《水十条》要求企业严格守法、落实主体责任，并强化公众参与和社会监督。完善参与平台，构建环境信息沟通与协商平台，充分听取公众、NGO 对重大决策和建设项目的意见，告知社会公众治理河流名称、采取的措施、治理进展和责任部门（人）、达标进程，引导公众参与和公众监督，全面激发全社会参与、监督环保的活力，优化社会治理方式。

五是多种手段发力。市场与行政、经济与科技手段齐发力。推动水环境管理从过去的由政府主导，转向以市场和法律手段为主导。在积极发挥政府规范和引领作用的同时，用好税收、价格、补偿、奖励等手段。采取环境绩效合同服务、授予开发经营权、推动设立融资担保基金、推进环保设备融资租赁业务发展以及推广股权、项目收益权、特许经营权、排污权等质押融资担保等方式，鼓励社会资本加大对水环境保护投入。建立激励机制，更多利用市场手段激励和约束环境行为。加强前瞻技术研发，加强国家环保科技成果共享平台建设，推动技术成果共享与转化，发挥企业的技术创新主体作用，强化科技支撑。发挥好市场的决定性作用、科技的支撑作用和法规标准的引领作用。

六是加强信息公开。强化政府和企业环境信息公开，保障公众环境知情权、参与权、监督权和表达权，提出公布水环境质量及达标情况、重点排污单位环境信息、"黄牌"和"红牌"企业名单、黑臭水体治理进展、饮水安全状况、地下水污染场地清单、环境违法典型案例等要求，严格按照《水十条》的时间和频次要求进行信息公开。

七是强化企业监管。《水十条》推行企事业单位环境行为颜色评价，形成直观有效的管控体系，创新性地提出了排污企业"红黄牌"制度，将违法排污企业公之于众，通过"贴牌"，确保持久曝光，对违法排污企业齐抓共管。开展企业环境自行监测，自觉公布重点排污单位环境信息。加强环境信用体系建设，构建守信激励与失信惩戒机制，结合公布的"黄牌"和"红牌"企业名单，加强与信贷、环保资金优先支持以及相关的政策联动，推动企事业单位环保自律机制形成。

五、创新管理制度，形成长效抓手

《水十条》自始至终体现制度创新形成长效机制的思想，重点体现在以下八个方面的制度创新。

一是划定生态保护红线制度。建立水资源、水环境承载能力监测评价体系，实行承载能力监测预警，已超过承载能力的地区要实施水污染物削减方案，加快调整发展规划和产业结构。到 2020 年，组织完成市、县域水资源、水环境承载能力现状评价。

二是严格监管所有污染物排放制度。建立严格监管所有污染物排放的水环境保护管理制度，独立进行环境监管和行政执法。强化城市污水处理设施脱氮除磷升级改造，重点行业特征污染物防治，港口、码头、装卸站及船舶污染防治等。研究建立国家环境监察专员制度。实行环境监管网格化管理，对所有水污染物、水污染源和水环境介质实施统一监管。

三是完善污染物排放许可证制度。实行企事业单位污染物排放总量控制制度，2015 年年底前，完成国控重点污染源及排污权有偿使用和交易试点地区污染源排污许可证的核发工作，其他污染源于 2017 年年底前完成。以改善水质、防范环境风险为目标，将污染物排放种类、浓度、总量、排放去向等纳入许可证管理范围。2017 年年底前完成全国排污许可证管理信息平台建设。

四是深化污染物排放总量控制制度。完善污染物统计监测体系，将工业、城镇生活、农业、移动源等各类污染源纳入调查范围。选择对水环境质量有突出影响的总氮、总磷、重金属等污染物，研究纳入流域、区域污染物排放总量控制的约束性指标体系。

五是实施责任追究制度。对因工作不力、履职缺位等导致未能有效应对水环境污染事件的，以及干预、伪造数据和没有完成年度目标任务的，要依法依纪追究有关单位和人员责任。对不顾生态环境盲目决策，导致水环境质量恶化，造成严重后果的领导干部，视情节轻重，给予组织处理或党纪政纪处分，已经离任的也要终身追究责任。

六是实行生态补偿制度。实施跨界水环境补偿，探索采取横向资金补助、对口援助、产业转移等方式，建立跨界水环境补偿机制，开展补偿试点。深化排污权有偿使用和交易试点。研究采取专项转移支付等方式，实施"以奖代补"。

七是实行资源有偿使用制度。加快水价改革，县级及以上城市于 2015 年年底前全面实行居民阶梯水价制度。2020 年年底前，全面实行非居民用水超定额、超计划累进加价制度。深入推进农业水价综合改革。修订城镇污水处理费、排污费、水资源费征收管理办法，合理提高征收标准。

八是健全水节约集约使用制度。控制用水总量，健全取用水总量控制指标体系，加强相关规划和项目建设布局水资源论证工作。建立重点监控用水单位名录。严控地下水超采。编制地面沉降区、海水入侵区等区域地下水压采方案。2017 年年底前，完成地下水禁采区、限采区和地面沉降控制区范围划定工作。建立万元国内生产总值水耗指标等用水效率评估体系。

六、强化法治手段，彰显法律威力

《水十条》是在依法治国的大背景下，在新环保法实施不到四个月时间发布的，依法治水、彰显新环保法权威贯穿始终。

一是依法落实基本制度。严格执行新《环境保护法》《水污染防治法》等法律法规，将环评、监测、联合防治、总量控制、区域限批、排污许可等环境保护基本制度落到实处，形成依法治水的崭新格局。

二是完善法规标准。加快水污染防治、海洋环境保护、排污许可、化学品环境管理等法律法规制修订步伐，研究制定环境质量目标管理、环境功能区划、节水及循环利用、饮用水水源保护、污染责任保险、水功能区监督管理、地下水管理、环境监测、生态流量保障、船舶和陆源污染防治等法律法规。完善标准体系，制修订地下水、地表水和海洋等环境质量标准，城镇污水处理、污泥处理处置、农田退水等污染物排放标准。

三是明确企事业单位法律义务。明确企事业单位节水减污、风险防范达标排放、自主监测、信息公开等法律义务，加大环境违法行政处罚与民事赔偿力度，强化企事业单位环境刑事责任追究，明确企事业单位的水环境修复责任，推行生产者责任延伸制度。

四是重拳打击违法行为。重拳打击违法行为，对违法排污零容忍。对偷排偷放、非法排放有毒有害污染物、非法处置危险废物、不正常使用防治污染设施、伪造或篡改环境监测数据等恶意违法行为，依法严厉处罚；对违法排污及拒不改正的企业按日计罚，依法对相关人员予以行政拘留；对涉嫌犯罪的，一律迅速移送司法机关。

五是严格环境执法。对企业实行"红黄牌"管理，对超标和超总量的企业予以"黄牌"警示，一律限制生产或停产整治；对整治仍不能达到要求且情节严重的企业予以"红牌"处罚，一律停业、关闭。对造成生态环境损害的责任者严格实行赔偿制度。严肃查处建设项目环评领域越权审批、未批先建、边批边建、久试不验等违法建设项目。对构成犯罪的，要依法追究刑事责任。

六是严格环境司法。健全行政与刑事司法衔接配合机制，强化环保、公安、监察等部门和单位协作，完善案件移交、受理、立案、通报等规定，建立有效保障环境权益的法治途径。

第六章

土壤污染防治

　　土壤是构成生态系统的基本环境要素，是人类赖以生存的物质基础，也是经济社会发展不可或缺的重要资源。2016年5月，国务院印发了《土壤污染防治行动计划》。该行动计划的发布是党中央、国务院推进生态文明建设、坚决向污染宣战的一项重大举措，是系统开展污染治理的重要战略部署。

第一节　我国土壤污染形势与防治工作进展

一、污染现状

（一）主要污染形势

　　根据2014年环境保护部和国土资源部联合发布的《全国土壤污染状况调查公报》，我国土壤环境状况不容乐观。总点位超标率为16.1%，其中轻微、轻度、中度和重度污染点位比例分别为11.2%、2.3%、1.5%和1.1%。从土地利用类型看，耕地、林地、草地土壤点位超标率分别为19.4%、10.0%、10.4%，约两成耕地污染超标（见图6-1）。目前，重点区域八大类土地（包括重污染企业用地、工业废弃地、工业园区、固体废物集中处置地、采油区、采矿区、污水灌溉区和干线公路两侧）均有相当程度污染，"毒土""毒地"等事件在全国各地不断出现，威胁生态环境和食品安全，影响经济社会可持续发展。因此，加强我国土壤环境污染预防、控制和修复意义重大，刻不容缓。

土壤污染公告制图

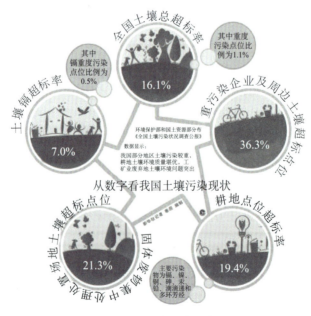

图6-1　土壤污染调查图

（二）主要污染来源

我国土壤污染主要包括农业污染和工业污染。其中，农业污染主要在农村，包括农药、化肥、农膜、激素施用，养殖废物污染、秸秆堆腐，以及其他污水和污泥污染等，可分为点源与面源污染（点源污染指有固定排放点的污染源。面源污染指小企业和居民在大面积范围内分散排放的污染）。全国耕地受重金属、化肥和有毒有机物污染日益严重，部分耕地丧失生产力，农产品质量安全和保住 18 亿亩耕地的"红线"面临压力。工业污染主要在城市，包括废物排放和危险废物处理处置不当，如垃圾填埋、废物倾倒、危险物质堆存与埋藏、工业废水围坝和筑塘贮存、尾矿长期堆放和无序排放、工业原料与化工产品贮藏和运输过程中的意外溅漏、化石燃料大量燃烧、固体废物集中焚烧等。目前，土壤污染的状况是点源与面源污染共存，生活和工农业污染叠加，工业污染向农村转移。

二、主要问题

20 世纪 80 年代以来，随着工业化、城市化和农业集约化的快速发展以及受全球环境变化的影响，我国土壤污染的面积、类型、污染物种类和含量均在增加，主要问题如下。

一是人均资源禀赋低。我国陆地土地资源总面积为 960 万平方公里，绝对数量多，但人均耕地、林地、草地面积和淡水资源分别仅相当于世界平均水平的 43%、14%、33% 和 25%，宜居国土仅占 20%，以世界上 7% 的耕地养活 20% 的人口，资源环境压力大。水土资源空间匹配性差，资源富集区多与生态脆弱区重叠。

二是污染源多面广量大。土壤是污染物的最终受体。三十多年来，我国"大量生产、大量消费、大量废弃"的粗放发展模式，使土地成为"大垃圾箱"。工业迅猛发展产生大量废物，特别是工业"三废"（废水、废渣、废气）的排放，使污染物通过多种途径进入并积累于土壤。全国有 11.23 万座矿山，1.2 万座尾矿库，每年 60 万吨石油跑冒滴漏，大量固体废物在土壤表面堆放和倾倒，占地 200 多万亩；有害废水不断向土壤渗透，污灌污染耕地 3 250 多万亩；大气中的有害气体及飘尘随雨水降落在土壤中，农业生产活动存在"农药、化肥依赖症"，农药使用量 130 万吨，化肥产量和使用量占世界 1/3 以上，非降解农膜残留量达 12 万吨，"白色污染"严重，导致土壤质量下降，影响土壤的有效利用，危害人体健康。

三是污染防治法律法规不健全。我国涉及土壤污染防治的法律法规很多，但尚无针对土壤污染的专门法。例如，《环境保护法》《农业法》《水污染防治法》《大气污染防治法》《固体废物污染环境防治法》《土地管理法》和《基本农田保护条例》等法律法规主要是针对土地管理和利用、土地规划及土地权属等问题制定的，虽然涉及土壤污染，但都不以土壤污染控制为主要目标。2014 年修订的《环境保护法》明确提出了"加强对土壤的保护""防治土壤污染"，但对于土地污染防治缺乏细则、不易操作。

四是污染防治标准体系不完善。我国有 13 个气候带，28 个气候大区，60 类 3 246 种土壤，不同地区土壤有机质含量、年平均降雨量、地下水埋深等影响基准推导的重要参数具有较大差异。截至目前，我国已发布及正在修订的土壤质量标准有 60 多个，数量比较少，管理不明晰，分属于十多个不同部门；此外，土壤质量标准使用时间太长，严重落后于国际标准的更新速度。标准等级全国采用统一的标准值，没有区分土壤背景值的差异；污染物只包含了八种重金属、两种农药（滴滴涕和六六六），有机污染物指标匮乏（如挥发性有机污染物、半挥发性有机污染物、持久性有机污染物和有机农药等）；分类主要以农业用地土壤为主，对居住、商业和工业用地考虑不充分；主要考虑环境质量，从人体健康和生态风险的角度考虑不够。

五是环境监测水平滞后。我国土壤环境监测工作起步较晚，技术有待提高，尚未形成监测体系。部分地区缺乏监测仪器和人员配置，基本农田和集中式饮用水源地等重点区域监测站点布置少，专业技术人员和资金投入不足，难以精准掌握各地土壤污染状况。

六是污染防治技术薄弱。在发达国家，土壤修复产业占环境保护产业的产值最高达 35%，在我国，目前不到 1%。这反映出土壤

氯丹灭蚁灵污染地块清理过程

污染防治在我国仍处于起步阶段。国内市场上现有的修复技术往往手段单一，科技含量低且修复成本高，物理治理方法花费巨大，化学修复方法容易引起土壤质量下降，生物修复方法耗时太长，修复设备与药剂大部分仍依赖进口。

七是污染防治资金缺口大。我国《国家环境保护"十二五"规划》规定，"十二五"期间用于污染土壤修复的中央财政资金仅为300亿元，且主要是针对城市的投入，对农业生态环境保护投入相对不足，远远无法满足土壤污染防治的资金需求。对于无主的污染地块，由于其大多位置偏远，开发利用价值不大，中央资金的杠杆作用难以有效发挥。土壤治理修复商业模式尚未形成，社会资金难以进入。由于改制、产权关系、债权债务等问题复杂，城市"退二进三"（缩小第二产业，发展第三产业）面临搬迁及治理费用高、就业安置补偿难度大等问题。

八是管理体制不顺。我国长期以来实行土地使用审批管理与土壤污染防治分离的体制，土壤管理的职能分散在环境保护部、国土资源部、水利部、农业部以及矿产资源管理和建设等部门，职责相互交叉。环境保护部负责土壤环境统一监管，国土资源部统一负责全国土地的管理和监督，农业部负责土壤改良、农产品产地土壤安全管理、农田土壤监测和农药、肥料等对土壤的安全管理等，水利部则主要负责防治水土流失和土壤侵蚀监测，矿产资源管理部门主要负责矿产资源开发所在地的土地规划、开采矿山后土壤的修复、土地复垦，形成"多门治土"的现况。

九是保护意识淡薄。由于土壤污染更具隐蔽性、滞后性和难可逆性，是一种"看不见的污染"，公众对土壤污染防治的自觉性和积极性不高，往往将土地利用摆在第一位。大部分农村居民对环境污染表现淡漠，只要污染没有直接影响到自身的生产生活，大多采取漠视态度。

三、管理进展

随着国家"退二进三"政策的实施，城市出现大量遗留、遗弃场地，亟待开展风险评估与修复治理。同时，农村土壤环境也在持续恶化。鉴于此，国家加大了土壤污染防治科研投入和技术引进水平，以科技为支撑，积极推动土壤环境管理升级，新的相关法律和技术标准已基本酝酿成熟，即将发布出台。

（一）《土壤污染防治法》的最新进展

2013 年，十二届全国人大常委会将土壤污染防治法列入立法规划第一类项目。受全国人大环资委委托，环境保护部联合国家发展改革委、科技部、工业和信息化部、国土资源部、住房城乡建设部、农业部、卫生计生委等部门完成土壤污染防治法草案建议稿，于2014 年 12 月报送全国人大环资委。为推进土壤立法工作，近两年来，环境保护部配合全国人大环资委深入开展调研，多次召开专题研讨会、座谈会，举办专题讲座，修改草案十余稿。

（二）两高司法解释的最新进展

2013 年 6 月 8 日，最高人民法院和最高人民检察院（"两高"）发布了《关于办理环境污染刑事案件适用法律若干问题的解释》，首次从法律层面对土壤污染的处罚做出了明确规定。《解释》规定："致使基本农田、防护林地、特种用途林地五亩以上，其他农用地十亩以上，其他土地二十亩以上基本功能丧失或者遭受永久性破坏的"应当认定为"严重污染环境"，处三年以下有期徒刑或者拘役，并处或者单处罚金。《解释》还规定："致使基本农田、防护林地、特种用途林地十五亩以上，其他农用地三十亩以上，其他土地六十亩以上基本功能丧失或者遭受永久性破坏的"应当认定为"后果特别严重"，处三年以上七年以下有期徒刑，并处罚金。

排污达标不再成为免责挡箭牌

2015年6月1日，最高人民法院和最高人民检察院发布了《关于审理环境侵权责任纠纷案件适用法律若干问题的解释》，首次针对无过错污染的处罚做出了明确规定。《解释》第一条规定："因污染环境造成损害，不论污染者有无过错，污染者应当承担侵权责任。

污染者以排污符合国家或者地方污染物排放标准为由主张不承担责任的，人民法院不予支持"。《解释》第十四条规定：被侵权人请求恢复原状的，人民法院可以依法裁判污染者承担环境修复责任，并同时确定被告不履行环境修复义务时应当承担的环境修复费用。污染者在生效裁判确定的期限内未履行环境修复义务的，人民法院可以委托其他人进行环境修复，所需费用由污染者承担。值得关注的是，由于土壤修复成本很高，污染者可能面临"天价赔偿"。

（三）技术标准指南颁布

我国现行土壤环境保护标准体系包括三类共 48 项标准：一是土壤环境质量（评价）类标准，包括 1 项土壤环境质量标准、3 项特殊用地土壤环境评价标准、4 项建设用地土壤环境保护技术导则；二是土壤环境监测规范类标准，包括 1 项土壤环境监测技术规范、37 项土壤环境污染物监测方法标准；三是土壤环境基础类标准，包括 2 项相关术语标准。

其中，环境保护部于 2014 年 2 月集中发布了《场地环境调查技术导则》《污染场地土壤修复技术导则》《污染场地风险评估技术导则》和《场地环境监测技术导则》等系列导则，为土壤污染防治行动奠定了重要的技术基础。同时，《污染场地修复技术应用指南》《农用地土壤环境质量标准》《建设用地土壤污染风险筛选指导值》和《土壤环境质量评价技术规范》等也陆续向社会公开征求意见。

第二节　土壤污染防治行动计划

2016 年 5 月 28 日，国务院印发了《土壤污染防治行动计划》

（见图 6-2）。计划中包括 3 项阶段性工作目标，2 项主要指标，10 项行动计划，35 个分项行动，分别由环境保护部、国家发展改革委、财政部、国土资源部、农业部等国务院组成部门，会同中央组织部、中央宣传部、最高人民法院、最高人民检察院等共计 36 个中央国家单位以及各级地方人民政府共同执行。

图 6-2 《土壤污染防治行动计划》条款内容

一、总体要求和主要目标

《土壤污染防治行动计划》的总体要求：全面贯彻党的十八大和十八届三中、四中、五中全会精神，按照"五位一体"总体布局和"四个全面"战略布局，牢固树立创新、协调、绿色、开放、共享的新发展理念，认真落实党中央、国务院决策部署，立足我国国情和发展阶段，着眼经济社会发展全局，以改善土壤环境质量为核心，以保障农产品质量和人居环境安全为出发点，坚持预防为主、保护优先、风险管控，突出重点区域、行业和污染物，实施分类别、分用途、分阶段治理，严控新增污染、逐步减少存量，形成政府主导、企业担责、公众参与、社会监督的土壤污染防治体系，促进土壤资源永续利用，为建设"蓝天常在、青山常在、绿水常在"的美丽中国而奋斗。

工作目标：一是到 2020 年，全国土壤污染加重趋势得到初步遏制，土壤环境质量总体保持稳定，农用地和建设用地土壤环境安全得到基本保障，土壤环境风险得到基本管控；二是到 2030 年，全国土壤环境质量稳中向好，农用地和建设用地土壤环境安全得到有效保障，土壤环境风险得到全面管控；三是到 21 世纪中叶，土壤环境质量全面改善，生态系统实现良性循环。

主要指标：一是到 2020 年，受污染耕地安全利用率达到 90％左右，污染地块安全利用率达到 90％以上；二是到 2030 年，受污染耕地安全利用率达到 95％以上，污染地块安全利用率达到 95％以上。

二、主要工作思路

一是坚持问题导向、底线思维。与大气和水污染相比，土壤污染具有隐蔽性，防治工作起步较晚、基础薄弱。为此，行动计划重点在开展调查、摸清底数，推进立法、完善标准，明确责任、强化监管等方面提出工作要求。同时，提出要坚决守住影响农产品质量和人居环境安全的土壤环境质量底线。

二是坚持突出重点、有限目标。针对当前损害群众健康的突出土壤环境问题，立足初级阶段的基本国情，着眼经济社会发展全局，《土十条》以农用地中的耕地和建设用地中的污染地块为重点，明确监管的重点污染物、行业和区域，严格控制新增污染，对重度污染耕地提出更严格的管控措施，明确不能种植食用农产品；对于污染地块，区分不同用途，根据污染程度，建立开发利用的负面清单。同时紧扣重点任务，设定有限目标指标，实现在发展中保护、在保护中发展。

三是坚持分类管控、综合施策。为提高措施的针对性和有效性，根据污染程度将农用地分为三个类别，分别实施优先保护、安全利用和严格管控等措施；对建设用地，按不同用途明确管理措施，严格用地准入；对未利用地也提出了针对性管控要求，实现所有土地类别全覆盖。在具体措施上，对未污染的、已经污染的土壤，分别提出保护、管控及修复的针对性措施，既严控增量，也管好存量，实现闭环管理，不留死角。

三、主要措施

《土十条》的出台实施将夯实我国土壤污染防治工作基础，全面提升我国土壤污染防治工作能力。

（一）开展土壤污染状况详查，实现信息化管理

按照行动计划要求，利用信息化技术，开展土壤污染状况详查工作。2017年年底前，完成土壤环境质量国控监测点位设置，建成国家土壤环境质量监测网络，基本形成土壤环境监测能力。2018年年底前，查明农用地土壤污染的面积、分布及其对农产品质量的影响，力争完成土壤环境基础数据库建立，整合环境保护、国土资源和农业等部门数据信息，构建全国土壤环境信息化管理平台。2020

年年底前，掌握重点行业企业用地中的污染地块分布及其环境风险情况；实现土壤环境质量监测点位所有县（市、区）全覆盖。在长效机制方面，每十年开展一次土壤环境质量状况调查，每年至少开展一次土壤环境监测技术人员培训。

（二）健全法律法规标准体系，实现规范化管理

通过制修订土壤污染防治相关法律法规、部门规章、标准体系等，基本建立健全土壤污染防治的管理和技术体系，实现制度化、规范化、标准化管理。

在法律法规制修订方面，配合完成土壤污染防治法起草工作，适时修订污染防治、城乡规划、土地管理、农产品质量安全等法律法规。2016年、2017年陆续发布污染地块、农用地和工矿用地的土壤环境管理办法，出台土壤污染治理修复终身责任追究办法和成效评估办法，完善农业污染源管理的部门规章。到2020年，土壤污染防治法律法规体系基本建立。各地结合实际，研究制定土壤污染防治地方性法规（见表6-1）。

表6-1 行动计划中法律法规的制修订计划

2016年年底前	完成《农药管理条例》修订工作	污染地块和两类用地土壤环境管理办法陆续出台
	发布《污染地块土壤环境管理办法》	
	发布《农用地土壤环境管理办法》	
2017年年底前	出台《工矿用地土壤环境管理办法》	
	出台农药包装废物和废弃农膜回收利用等部门规章	
	出台土壤污染治理与修复有关责任追究办法	加强责任追究
	出台土壤污染治理与修复成效评估办法	

在技术标准制定方面，重点完善土壤环境质量标准、污染防治技术导则、污染源控制标准以及测试分析等技术标准体系。同时，

行动计划强调了法律法规和技术标准的监管执法，要求明确监管重点，加大执法力度（见表6-2）。

表6-2 行动计划中技术标准的制修订计划

环境质量	2017年年底前	发布《农用地、建设用地土壤环境质量标准》
		发布《农用地土壤环境质量类别划分技术指南》
土壤污染治理技术规范	2016年年底前	发布建设用地土壤环境调查评估技术规定
	2017年年底前	修订土壤环境监测、调查评估、风险管控、治理与修复等技术规范以及环境影响评价技术导则
		出台《受污染耕地安全利用技术指南》
		发布《企业拆除活动污染防治技术规定》
污染源头防控	2017年年底前	修订肥料、饲料、灌溉用水中有毒有害物质限量
		修订农用污泥中污染物控制标准
		修订农膜标准，研究制定可降解农膜标准
		修订农药包装标准
	适时	修订污染排放标准
其他	适时	完善土壤中污染物分析测试方法
		研制土壤环境标准样品

（三）强化土壤污染源头控制，实现系统化管理

行动计划将土壤污染的污染源分为三大类：工矿源、农业源和生活源。要求加强污染源监管，做好土壤污染预防工作（见图6-3）。

严控工矿源	控制农业源	减少生活源
·加强重点企业监管 ·严防矿产开发污染 ·加强涉重金属污染防控 ·加强工业废物处理处置	·合理使用化肥农药 ·加强废弃农膜回收利用 ·强化畜禽养殖污染防治 ·加强灌溉水水质管理	·建立多方协调机制 ·促进垃圾回收减量化 ·推进水泥窑协同处置 ·安全处置含重金属废物 ·减少过度包装

图6-3 加强污染源监管

第一，严控工矿污染。根据排放情况，确定重点监管名单，加

强日常监管，结果向社会公开。鼓励技术替代和升级，防范拆除活动污染，严防矿产资源开发、涉重金属行业及工业废物处理处置污染。2017年起，矿产资源开发活动集中的区域，执行重点污染物特别排放限值；开展污水与污泥、废气与废渣协同治理试点。2020年重点行业的重点重金属排放量比2013年下降10%。

第二，控制农业污染。严控化肥农药、废弃农膜、畜禽养殖、农业灌溉等农业污染。到2020年，主要农作物化肥农药使用量实现零增长，利用率提高到40%以上，测土配方施肥技术推广覆盖率提高到90%以上；农膜使用量较高省份力争实现废弃农膜全面回收利用；规模化养殖场、养殖小区配套建设废物处理设施比例达到75%以上。

第三，减少生活污染。建立政府、社区、企业和居民协调机制，促进垃圾减量化、资源化、无害化，推进农村生活垃圾治理，实施农村生活污水治理工程。推进水泥窑协同处置生活垃圾试点。开展利用建筑垃圾生产建材产品等资源化利用示范。强化废氧化汞电池、镍镉电池、铅酸蓄电池和含汞荧光灯管、温度计等含重金属废物的安全处置。减少过度包装，鼓励使用环境标志产品。

（四）实施农用土地分类管理，实现差异化管理

为提高管理的针对性和有效性，根据土壤污染程度，对农用地实施分类管理，分别采取优先保护、安全利用、严格管控等措施，最大限度降低农产品超标风险。

按照污染程度将农用地划为三个类别，未污染和轻微污染的划为优先保护类，轻度和中度污染的划为安全利用类，重度污染的划

为严格管控类（见图6-4）。以耕地为重点，分别采取相应管理措施，保障农产品质量安全。有条件的地区要逐步开展林地、草地、园地等其他农用地土壤环境质量类别划定工作。

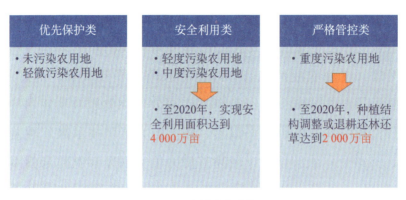

图6-4　农用地分类管理

2017年年底前，发布农用地土壤环境质量类别划分技术指南。开展耕地土壤和农产品协同监测与评价，有序推进耕地土壤环境质量类别划定，2020年年底前完成分类清单。划定结果由各省级人民政府审定，数据上传全国土壤环境信息化管理平台。根据土地利用变更和土壤环境质量变化情况，定期更新（见表6-3）。

表6-3　行动计划中农用地分类管理分项行动列表

优先保护类	防控农业污染源	划为永久基本农田的，面积不减少，质量不下降
		产粮/油大县制定土壤环境保护方案
		推行秸秆还田、施有机肥、少耕免耕、粮豆轮作、农膜减量回收利用等措施
		开展黑土地保护利用试点
		各省人民政府实施预警提醒或环评限批等干预措施
	防控工业源	区域内严控新建有色金属冶炼、石油加工、化工、焦化、电镀、制革等行业企业
		加快现有行业企业技术升级改造

续表

安全利用类	降低农产品的超标风险	制定实施受污染耕地安全利用方案
		强化农产品质量检测
		加强对农民、农民合作社的技术指导和培训
		出台《受污染耕地安全利用技术指南》
严格管控类	严格污染耕地用途管理	划定特定农产品禁产区，严禁种植食用农产品
		威胁地下水或饮用水的，县市区制定风险管控方案
		重污染耕地种植结构调整或退耕还林还草
		在湖南长株潭开展重金属污染耕地修复和农作物种植结构调整试点
		实行耕地轮作休耕制度试点

农用地治理修复的总体目标是：到 2020 年，轻度和中度污染耕地实现安全利用的面积达到 4 000 万亩，重度污染耕地种植结构调整或退耕还林还草面积力争达到 2 000 万亩。受污染耕地治理与修复面积达到 1 000 万亩。

值得关注的是，针对重度污染的农用地进行严格的用途管理，并依据《农产品质量安全法》划定农产品禁止生产区域，以确保农产品安全。

（五）严格建设用地准入管理，实现功能化管理

建设用地的准入管理包括两个方面的主要行动：建立土壤污染调查评估制度、根据用途进行规划供地管理（见图 6-5）。

第一，建立调查评估制度。发布建设用地土壤环境调查评估技术规定，明确土壤环境调查责任机制。调查评估结果向所在地环境保护、城乡规划、国土资源部门备案。

第二，根据用途进行规划供地管理。将建设用地土壤环境管理要求纳入城市规划和供地管理，土地开发利用必须符合土壤环境质量要求。地方各级国土资源、城乡规划等部门在编制土地利用总体

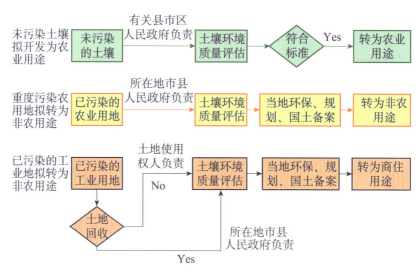

图6-5　土地功能改变时开展调查评估的工作流程图

规划、城市总体规划、控制性详细规划等相关规划时，应充分考虑污染地块的环境风险，合理确定土地用途（见表6-4）。

表6-4　行动计划中按用途规划供地管理分项行动列表

城乡规划	结合土壤环境质量状况，加强城乡规划论证和审批管理
国土资源	依据土地利用总体规划、城乡规划和地块土壤环境质量状况，加强土地征收、收回、收购以及转让、改变用途等环节的监管
环境保护	加强对建设用地土壤环境状况调查、风险评估和污染地块治理与修复活动的监管

（六）开展土壤污染治理修复，实现目标化管理

在土壤修复行动计划方面主要包括四个分项行动：明确治理修复主体责任、制定治理修复规划、有序开展治理修复、监督目标任务落实。

第一，明确治理修复主体责任。按照"谁污染，谁治理"原则，土壤污染的单位或个人要承担治理与修复的主体责任（见图6-6）。

责任主体发生变更的，由变更后继承其债权债务的单位或个人承担相关责任；土地使用权依法转让的，由土地使用权受让人或双方约定的责任人承担相关责任。责任主体灭失或责任主体不明确的，由所在地县级人民政府依法承担相关责任。

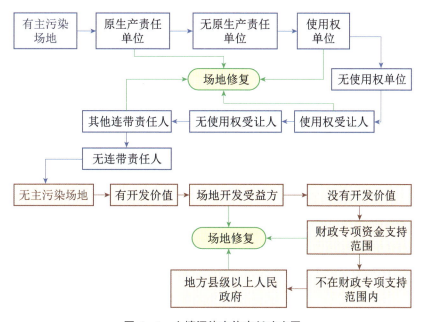

图 6-6　土壤污染主体责任确定图

第二，制定治理修复规划。以影响农产品质量和人居环境安全的突出土壤污染问题为重点，制定土壤污染治理与修复规划，明确重点任务、责任单位和分年度实施计划，建立项目库，2017 年年底前完成。规划报环境保护部备案。

第三，有序开展治理修复。结合城市环境质量提升和发展布局调整，以拟开发建设居住、商业、学校、医疗和养老机构等项目的污染地块为重点，开展治理与修复。

第四，监督目标任务落实。治理修复目标是：到 2020 年，受污染耕地治理与修复面积达到 1 000 万亩。各省级环境保护部门定期向环境保护部报告土壤污染治理与修复工作进展；环境保护部会同有关部门进行督导检查。各省（区、市）委托第三方机构对本行政区域各县（市、区）土壤污染治理与修复成效进行综合评估，结果向社会公开（见图 6-7）。

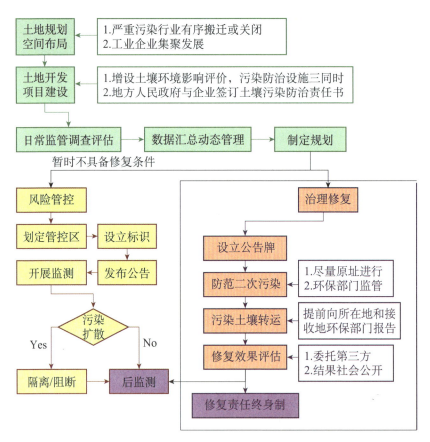

图 6-7　土壤污染管理中的风险管控和治理修复

（七）推动政府主导社会参与，实现多元化共治

按照"国家统筹、省负总责、市县落实"原则，完善土壤环境

管理体制，全面落实土壤污染防治属地责任。实行土壤污染治理与修复终身责任制，充分发挥市场作用等措施。加强信息公开，宣传教育等措施，形成政府主导、企业担责、公众参与、社会监督的土壤污染防治体系（见图6-8）。

政府主导	企业担责	公众参与/社会监督
• 加大财政投入 • 完善激励政策 • 建设先行示范 • 健全监督机制 • 开展宣传教育	• 谁污染 谁治理 • 土壤治理修复企业终身追责 • 企业环境污染强制责任保险	• 监测数据和调查结果向社会公开 • 公众有奖监督举报/参与执法 • 民间公益诉讼

图6-8　土壤污染管理的多元共治图

四、主要特点和创新

（一）统筹多个部门联动

　　坚持部门统筹、联动监管（见表6-5）。第一，建立全国土壤污染防治工作协调机制，定期研究解决重大问题；第二，统一规划，整合环境质量监测点，利用环境保护、国土资源和农业等部门的相关数据，建立土壤环境基础数据库，构建全国土壤环境信息化管理平台，明确共享权限和方式；第三，在土地规划和征收、回收、收购、转让、改变用途等环节，建立城乡规划、国土资源、环境保护等部门间的信息沟通机制，实行联动监管；第四，优化整合科技计划（专项、基金等），支持土壤污染防治研究。

表6-5 各中央国家级机构主要任务分工

任 务	环保	发改	财政	国土	农业	工信	住建	林业	水利	教育	科技	其 他	地方
1. 开展土壤污染调查，掌握土壤环境质量状况													
1.1 深入开展土壤环境质量调查	牵头		参与	参与	参与							卫生计生委参与	负责
1.2 建设土壤环境质量监测网络	牵头	参与		参与	参与	参与							负责
1.3 提升土壤环境信息化管理水平	牵头	参与		参与	参与	参与	参与				参与	卫生计生委参与	负责
2. 推进土壤污染防治立法，建立健全法规体系													
2.4 加快推进立法进程	牵头			参与	参与	参与	参与	参与				国务院法制办牵头	负责
2.5 系统构建标准体系	牵头			参与	参与	参与	参与	参与	参与			质检总局参与	负责
2.6 全面强化监管执法													
2.6.1 明确监管重点	牵头			参与	参与	参与	参与						负责
2.6.2 加大执法力度	牵头			参与	参与	参与	参与	参与				公安、安监参与	负责
3. 实施农用地分类管理，保障农业生产环境安全													
3.7 划定农用地土壤环境质量类别	牵头			参与	牵头			参与					负责
3.8 切实加大保护力度													
3.8.1（农业污染防治）	参与	参与		牵头	牵头				参与		参与		负责
3.8.2 防控企业污染	牵头	牵头		参与	牵头	参与							负责
3.9 着力推进安全利用		参与		参与	牵头								负责
3.10 全面落实严格管控	参与	参与		参与	牵头		参与	参与	参与				负责
3.11 加强林业草地园地土壤环境管理					负责			负责					负责
4 明确管理要求													
4.12 实施建设用地准入管理，防范人居环境风险													
4.12.1 建立调查评估制度	牵头			参与			参与						负责

续表

任务	环保	发改	财政	国土	农业	工信	住建	林业	水利	教育	科技	其他	地方
4.12.2 分用途明确管理措施	参与			牵头			参与	参与	参与				负责
4.13 落实监管责任	负责			负责			负责						负责
4.14 严格用地准入	参与			牵头			牵头						负责
5 强化未污染土壤保护，严控新增土壤污染													
5.15 加强未利用地环境管理	牵头			牵头	参与			参与	参与			公安参与	负责
5.16 防范建设用地新增污染	负责												负责
5.17 强化空间布局管控	牵头			参与	参与		参与	参与	参与				负责
6 加强污染源监管，做好土壤污染预防工作													
6.18 严控工矿污染	负责					负责							
6.18.1 加强日常环境监管	牵头			参与		参与							负责
6.18.2 严防矿产资源开发污染土壤	牵头			牵头		参与						安全监管总局牵头	负责
6.18.3 加强涉重金属行业污染防控	牵头				参与	参与							负责
6.18.4 加强工业废物处理处置	牵头			参与		参与							负责
6.19 控制农业污染													
6.19.1 合理使用化肥农药	参与				牵头		参与					供销合作总社参与	负责
6.19.2 加强废弃农膜回收利用					牵头	参与						公安、工商总局、供销合作总社参与	负责
6.19.3 强化畜禽养殖污染防治	参与				牵头		参与						负责
6.19.4 加强灌溉水质管理	参与				参与				牵头				负责
6.20 减少生活污染	参与	参与	参与	参与	参与	参与	牵头						负责

续表

任务	环保	发改	财政	国土	农业	工信	住建	林业	水利	教育	科技	其他	地方
7 开展污染治理与修复，改善区域土壤环境质量													
7.21 明确治理与修复主体	牵头			参与			参与							负责
7.22 制定治理与修复规划	牵头			参与	参与		参与	参与						负责
7.23 有序开展治理与修复													
7.23.1 确定治理与修复重点	牵头			牵头	牵头		参与							负责
7.23.2 强化治理与修复工程监管	牵头			参与	参与		参与							负责
7.24 监督目标任务落实	牵头			参与	参与		参与							负责
8 加大科技研发力度，推动环境保护产业发展													
8.25 加强土壤污染防治研究	参与	参与		参与	参与	参与	参与	参与		参与	牵头	卫生计生委、中科院参与		负责
8.26 加大适用技术推广力度			牵头	参与	参与	参与	参与				参与			负责
8.26.1 建立健全技术体系	牵头	牵头	牵头	参与	参与	参与	参与				参与			负责
8.26.2 加快成果转化应用	参与		牵头	参与	参与	参与	参与			参与	牵头	中科院参与		负责
8.27 推动治理与修复产业发展	参与	牵头	参与	参与	参与	参与	参与	参与		参与	参与	商务、工商总局参与		负责
9 发挥政府主导作用，构建土壤环境治理体系													
9.28 强化政府主导													
9.28.1 完善管理体制	牵头	参与		参与	参与	参与	参与				参与			负责
9.28.2 加大财政投入	参与	参与	牵头	参与	参与	参与								负责
9.28.3 完善激励政策	参与	参与	牵头	参与	参与	参与	参与		参与			税务、供销合作总社参与		负责
9.28.4 建设综合治防先行区	牵头	牵头	参与	牵头	参与		参与	参与						负责
9.29 发挥市场作用	牵头	参与			参与							央行、银监、证监、保监参与		负责
9.30 加强社会监督													
9.30.1 推进信息公开	牵头			参与	参与		参与							负责
9.30.2 引导公众参与	牵头			参与	参与		参与							负责

续表

任务	环保	发改	财政	国土	农业	工信	住建	林业	水利	教育	科技	其他	地方
9.30.3 推动公益诉讼	参与			参与	参与		参与	参与	参与			最高法、最高检牵头	负责
9.31 开展宣传教育	牵头			参与	参与		参与			参与		中宣部、广电总局、国家网信办、粮食局、中科协参与	负责
10 加强目标考核，严格责任追究													
10.32 明确地方政府主体责任	牵头	参与	参与	参与	参与		参与						负责
10.33 加强部门协调联动	牵头	参与	参与	参与	参与	参与	参与	参与	参与				负责
10.34 落实企业责任	牵头					参与					参与	国资委参与	负责
10.35 严格评估考核													
10.35.1 实行目标责任制	牵头											中组部、审计署参与	负责
10.35.2 评估和考核结果作为土壤污染防治专项资金分配的重要参考依据	参与		牵头										负责
10.35.3 对年度评估结果较差或未通过考核的省（区、市），要提出限期整改意见，整改完成前，对有关地区实施建设项目环评限批；整改不到位的，要约谈有关省级人民政府及其相关部门负责人	牵头											中组部、监察部参与	负责

(二) 加强目标考核追责

行动计划确立了三个层级的目标指标：工作目标、主要指标、分项指标（见图6-9）。同时，明确规定各级人民政府是行动计划的实施主体，要求2016年年底前分别制定并公布土壤污染防治工作方案，确定重点任务和工作目标，签订目标责任书。每年将对各省执行情况进行评估。2020年，对行动计划的实施情况进行考核。

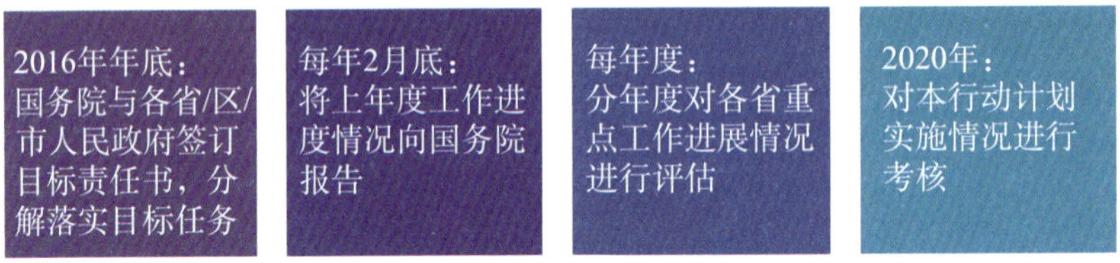

| 2016年年底：国务院与各省/区/市人民政府签订目标责任书，分解落实目标任务 | 每年2月底：将上年度工作进度情况向国务院报告 | 每年度：分年度对各省重点工作进展情况进行评估 | 2020年：对本行动计划实施情况进行考核 |

图6-9　考核评估要求图

评估和考核结果作为土壤污染防治专项资金分配的重要参考依据，同时也是对领导班子和领导干部综合考核评价、自然资源资产离任审计的重要依据（见表6-6）。

对年度评估结果较差或未通过考核的省（区、市），提出限期整改意见，整改完成前，对有关地区实施建设项目环评限批；整改不到位的，约谈有关省级人民政府及其相关部门负责人。对土壤环境问题突出、区域土壤环境质量明显下降、防治工作不力、群众反映强烈的地区，约谈有关地市级人民政府和省级人民政府相关部门主要负责人。对失职渎职、弄虚作假的，根据情节轻重予以诫勉、责令公开道歉、组织处理或党纪政纪处分；对构成犯罪的，要依法追究刑事责任，已经调离、提拔或者退休的，也要终身追究责任。

表 6-6　行动计划中主要的工作目标、数据指标汇总表

1. 工作目标	2020 年	2030 年	21 世纪中叶
全国土壤污染加重趋势	初步遏制		
全国土壤环境质量	总体稳定	稳中向好	全面改善
农用地安全	基本保障	有效保障	
土壤环境风险	基本管控		
2. 主要指标		2020 年	2030 年
受污染耕地安全利用率		90%左右	95%以上
污染地块安全利用率		90%以上	95%以上
3. 主要数据类分项指标			2020 年
轻度和中度污染耕地安全利用			4 000 万亩
重度污染耕地种植结构调整或退耕还林还草			2 000 万亩
受污染耕地治理与修复			1 000 万亩
重点行业的重点重金属排放量（比 2013 年）			下降 10%
全国主要农作物化肥、农药使用量			0 增长
全国主要农作物化肥、农药利用率			40%以上
测土配方施肥技术推广覆盖率			90%以上
规模化养殖配套废物处理设施比例			75%以上
河北、辽宁、山东、河南、甘肃、新疆维吾尔自治区等省份废弃农膜回收利用率			100%

（三）创新多元融资模式

行动计划设定了多种资金渠道，形成了以中央和地方政府财政资金为引导，积极撬动各方资源的多元化融资模式（见表6-7）。

在财政资金方面，中央财政将整合重金属污染防治专项资金，设立土壤污染防治专项资金。2016 年 7 月，财政部和环境保护部联合颁布《土壤污染防治专项资金管理办法》，《中央重金属污染防治专项资金管理办法》同时废止。

在多元融资方面，充分发挥绿色金融、股票债券、强制保险等金融工具，结合政府和社会合作（PPP）模式、培育市场行为等多种创新思路，扩大土壤污染防治的资金来源。

表 6-7　行动计划中的创新多元融资渠道列表

充分利用金融工具	推动政府和社会合作（PPP）模式，带动社会资本
	发展绿色金融，发挥政策性金融机构的引导作用
	鼓励符合条件的土壤治理与修复企业发行股票
	探索通过发行债券推进土壤污染治理与修复
	有序开展重点行业企业环境污染强制责任保险试点
培育规范修复市场	加大政府购买服务力度
	放开服务性监测市场，鼓励社会机构参与土壤监测
	通过政策推动，完善土壤污染治理成熟产业链
	规范土壤污染治理与修复从业单位和人员管理
	发挥互联网在土壤污染治理修复产业链中的作用

第三节　下一步工作重点

一、积极谋划和推进地方立法

目前，土壤法的制定基础较好，其科学性和可行性得到了各界人士的高度关注。国家《土壤污染防治行动计划》已经出台，福建、湖北等省颁布了省级土壤污染防治管理办法，湖南、河南、广东、吉林等省正在进行土壤污染防治立法工作。我国目前虽然对于土壤污染预防和治理是否分别立法仍有争议，但对于土壤污染立法本身以及基本原则已经得到各方面认可。

1."预防为主"的基本原则

土壤污染不同于流动型的水污染和大气污染，一旦发生，仅仅切断污染源的方法很难解决问题，而且，治理难度大、成本高、周期长。据专家测算，一个 10 公顷的厂房如果被污染，可能需要上亿美元的投入来恢复。因此，从源头预防污染、控制和消除污染源将是最适合中国国情的措施。

2. "效益需求"的风险管理模式

在土壤污染治理方面，有两种管控思路。一是"环境质量目标"模式，以土壤完全修复到污染前的状态为目标，不考虑土地的再利用需求，一步到位；二是"效益需求"模式，将土壤修复和再开发利用相结合，按照效益最大化的原则，将土壤修复到再利用条件下可接受的环境风险质量，逐步改善。一种是参照土壤的过去式来制定修复目标，一种是参照土壤的未来式来制定修复目标。后者与欧美国家基于环境风险管理的原则是一致的。

3. "协同合作"的共同防治模式

土壤污染主要来源于农业污灌、农药化肥的不合理利用、采矿、石油开采、化工生产、电子废物、放射性污染物等，需要与工信、农业、交通、住建等部门进行协调，对外围法未涉及的部分进行补充。同时，土壤污染治理也涉及多个部门，需要环境保护、国土资源、住建、工信等部门积极协作，共同治理。

二、积极探索管理制度改革

目前，国家土壤污染防治立法初稿已经完成并提交全国人大，其主要的管理内容和思路已达成多方共识，并已经在 2016 年颁布的《土壤污染防治行动计划》中有所体现。

一是土壤环境动态监测制度。土壤环境监测是土壤污染防治工作的重中之重，污染面积、分布和程度不清，很难制定针对性的防控措施。《环境保护法》已经明确将建立健全环境监测制度，制定统一的监测规范，建立全国性监测网点，全面掌握土壤污染的动态变化，建立国家土壤污染档案，实现监测数据共享机制，加强对环境监测的管理。

二是土壤功能区划分制度。考虑到不同区域土壤环境容量和天然禀赋不同，将土地划分为优化开发类、限制开发类和禁止开发类等，分别用于工业区、农业区、民用区和污染控制区等需求，合理配置土地资源。环境保护主管部门也可根据环境功能区划分的不同进行分类监管。

某 DDT 生产企业即将拆除的生产设施

三是土壤污染风险评估制度。鉴于我国污染土壤面大量多的情况，对污染土壤的污染情况和环境风险进行评级，确定优先排序，在确保环境健康安全的情况下，将有限的治理资源分配给环境和社会危害风险最大最严重的地区。

四是土壤污染防治基金制度。污染土壤修复治理资金数目庞大，参考欧美等发达国家经验，治理基金是土壤修复的重要来源。尤其是考虑到我国部分地区国有企业改制破产等造成大量无主的污染地块，由中央、地方财政和私营企业共同出资建立基金，可确保土壤污染得到及时有效的控制。

五是土壤污染责任保险制度。目前，我国正处于环境污染事故的高发期，危害人民群众的身体健康和社会稳定，尤其是污染事故的受害者得不到及时补偿，会引发诸多社会矛盾。环境污染责任保险是以企业发生污染事故对第三者造成的损害依法应承担的赔偿责任为标的的保险。可以促进企业加强环境风险管理，利于受害人及时获得经济救助，稳定社会秩序，减轻政府负担。

三、抓好三大管理工作

土壤污染问题是一个复杂的问题，其治理环节也相对较多，在当前的严峻形势面前，管理重点主要应围绕"防""控""治"三个环节。"防"就是通过建立严格的法规制度，实施严格的监督监管，严防新的土壤污染产生，保护现有良好的土壤。"控"就是开展调查、排查，掌握土壤污染状况及分布，采取有效手段，防范和控制污染风险。"治"就是开展土壤污染治理修复，针对不同污染程度、不同污染类型分类施策，在典型地区组织开展土壤污染治理试点示范，逐步建立土壤污染治理修复技术体系，有计划、分步骤地推进土壤污染治理修复。

第七章 >>>

固体废物和有害化学品
环境管理

随着我国经济社会的快速发展，固体废物污染问题日趋突显，挑战日益严峻，已经成为危害群众身体健康、威胁生态环境安全、影响全面建成小康社会目标顺利实现的一个重要制约因素。特别是含有重金属、有害化学物质的危险废物，具有环境风险高、累积危害持久、成因复杂且治理难度大等特征，危害尤为突出。

固体废物污染防治成效是体现一个国家环境保护综合实力和整体水平的重要指标之一。妥善处理固体废物环境问题，是实施水、大气和土壤污染防治行动计划的重要内容，是改善环境质量、防范环境风险的客观要求，是深化环境保护工作、保护人民群众生命健康的现实需要。

第一节　固体废物污染防治

一、固体废物的基本属性

固体废物，又可称废弃物，就其与环境、资源、社会的关系而言，具有污染性、资源性和社会性等三个基本属性。

（一）污染性

1.固体废物污染具有绝对性

固体废物的污染性是其固有的客观属性，并不以人的意志为转移，具体表现为固体废物自身的一次污染性和固体废物处理的二次污染性。固体废物中的危险废物具有毒性、易燃性、腐蚀性、反应性或者感染性等危险特性，是造成环境污染和危害人体健康的重要污染源；即便是不具有危险特性的固体废物，如果管理不当，也会占用土地、破坏景观。固体废物的处理过程生成二次污染物，必须防止其对水、大气、土壤造成污染。以固体废物作为原料生产综合利用产品的过程如果不加以控制，其中有害物质的释放也会危害人体健康和生态环境。

2. 固体废物污染是大气、水体、土壤污染的"源"与"汇"

固体废物往往是许多污染成分的终极状态。二氧化硫、氮氧化物、颗粒物等大气污染物，通过治理富集成为固体废物；废水中的一些有害溶质和悬浮物，通过治理被分离出来成为污泥或残渣；含重金属的污染土壤，通过治理使重金属浓集于飞灰或炉渣中。这些"终态"物质中的有害成分，以及其他固体废物自身含有的有害成分，如果不能得到妥善处理和管理，又会释放到大气、水体和土壤，成为大气、水体和土壤环境的污染"源头"。

3. 固体废物污染具有潜在性、长期性和灾难性

固体废物污染不像水、大气污染一样直观明显，容易被人忽视。然而，固体废物和土壤污染物的释放与迁移往往是一个比较稳定、缓慢的过程，某些危害可能在数年乃至数十年后才能发现，当发现时往往已造成难以挽救的灾难性后果。因此，从某种意义上讲，固体废物特别是含有重金属、持久性有机污染物的固体废物对环境造成的危害可能要比常规水、气污染物造成的危害严重得多。

（二）资源性

1. 固体废物的资源价值具有相对性

固体废物的资源性是社会属性，表现为既是人类资源开发利用活动的产物，又可能对于另一种生产活动而言具有一定的资源价值。固体废物只有在一定条件下才能表现出资源性。一些固体废物自身具有可用性质，但只有当其产生数量、与之相对应的原材料的价格以及固体废物再生利用的科技水平，使其再生利用在经济上和技术上变得可行时，固体废物才可能在现实中真正转变为资源。马克思在《资本论》中就已分析了固体废物资源属性的这种限制条件。

2. 固体废物合理资源化具有较高的资源、环境和经济效益

与原生资源相比，部分种类固体废物的再生利用过程具有更好的资源、环境和经济效益。例如，从品位较低的原生矿藏中开采、提炼金属资源往往伴随着高能耗、高污染排放以及大量尾矿、冶炼渣等环境问题，而从废金属或者富集某些金属的冶炼渣中提取金属的过程通常具有流程更短、能耗更低、产生冶炼渣相对较少的优点。根据工业和信息化部数据，与生产原生铜相比，每生产 1 吨再生铜相当于节能 1 054 千克标煤，节水 395 立方米，减少固体废物排放 380 吨，减少二氧化硫排放 0.137 吨。

3. 部分固体废物的资源化存在降级使用问题

部分种类固体废物由于杂质混入、物质结构发生变化等原因，在作为原料使用时，其性能难以达到原生资源的水平，只能降级使用。一般而言，金属经过再生后不存在品质下降的问题，而再生塑

料、纸、橡胶的品质随着再生次数的增加而出现明显下降。例如：废纸往往由于纤维断裂等原因，难以生产高质量纸制品；废塑料、废橡胶往往由于脆化、分子链断裂、杂质等原因，只能生产低档再生制品。日本作为各类资源短缺的发达国家，仍然大量出口废塑料、废纸的原因之一，就在于日本国内对低档再生材料的需求较少，过剩的再生资源只能出口到发展中国家利用。

（三）社会性

固体废物的社会性表现为固体废物的产生、贮存、转移、利用、处置具有广泛的社会关系和影响。一是社会的每个成员都产生固体废物；二是固体废物产生意味着社会资源的消耗，对社会产生影响；三是固体废物的转移、利用、处置具有外部性，当因污染而损害他人利益时成为负外部性，当因再生利用而增大他人利益时成为正外部性。

二、固体废物污染防治的基本原则

（一）"三化"原则

"减量化""资源化""无害化"（以下简称"三化"）是我国固体废物管理遵循的基本原则，由于其通俗易懂、指向性强，并且顺应了国际上固体废物管理的发展趋势，成为政府、企业、公众、媒体以及科研单位等社会各界广泛接受和使用的重要概念，在促进固体废物处理行业进步方面发挥了积极作用。

"减量化"指采取清洁生产、源头减量及回收再利用等措施，在生产、流通和消费等过程中减少资源消耗和废物产生，从而减少废物的数量、体积或危害性，既包括产生前减量，也包括产生后减量。

"资源化"，狭义上是指将废物直接作为原料进行利用或者对废物进行再生利用，广义上也包括废物的再利用和能量回收。

"无害化"，狭义上指最终处置过程要防止造成环境污染，广义上应当是指能够节约自然资源、保护人体健康和生态环境少受乃至不受负面影响的废物管理方式，其针对的是废物"从摇篮到坟墓"的全过程，不仅适用于废物的最终处置，同样适用于废物减量及回收利用过程。

（二）"3R"原则

"3R"，即 Reduce（减量化）、Reuse（再利用）、Recycle（资源化），是循环经济的三项基本原则，与我国固体废物管理的"三化"原则既有共同之处也有范围上的区别。第一，循环经济指在生产、流通和消费等过程中进行的减量化、再利用、资源化活动的总称，"3R"原则的适用范围不仅包括固体废物，也包括其他各类资源、能源；而"三化"原则仅适用于固体废物。第二，"3R"原则中的"再利用"，是指将再利用的对象直接作为产品或者经修复、翻新、再制造后继续作为产品使用，或者作为其他产品的部件予以使用；根据我国对固体废物的定义，此时的再利用对象在大部分情况下不是"废物"，而是属于"旧货"或"二手产品"的范畴。第三，"3R"中的"减量化""资源化"当用于固体废物时，与"三化"中的"减量化""资源化"在大部分情况下是相同的概念。

（三）"减量化"是固体废物环境管理的基本前提

无论是固体废物管理的"三化"原则还是发展循环经济的"3R"原则，"无害化"都是所有活动的基本前提。"3R"中之所以并未强调"无害化"，是因为在"3R"概念诞生的发达国家，"无害化"已经成为经济社会活动的内在要求，不是其所面临的突出矛盾。

在我国和其他发展中国家，必须特别强调"无害化"原则，只有满足"无害化"要求的"减量化"和"资源化"才是真正意义上的"减量化"和"资源化"，否则可能会造成污染转移、污染延伸或污染扩散，甚至对人体健康和生态环境产生更大的危害。

三、固体废物污染防治形势和工作进展

（一）固体废物产生和利用处置情况

近年来，固体废物已成为我国环境污染的重要来源之一。2014年，全国一般工业固体废物产生量32.6亿吨，综合利用量为20.4亿吨，综合利用率为62.1%，贮存量为4.5亿吨，处置量为8.0亿吨，倾倒丢弃量为59.4万吨；工业危险废物产生量为3 633.5万吨，综合利用量为2 061.8万吨，处置量为929.0万吨，贮存量为690.6万吨，工业危险废物处置利用率为81.2%（见表7-1、表7-2、图7-2、图7-3）。

知识链接——固体废物、工业固体废物、危险废物

> 固体废物是指在生产、生活和其他活动中产生的丧失原有利用价值或者虽未丧失利用价值但被抛弃或者放弃的固态、半固态和置于容器中的气态的物品、物质以及法律、行政法规规定纳入固体废物管理的物品、物质。

　　工业固体废物,是指在工业生产活动中产生的固体废物。我国工业固体废物的产生具有明显的行业和地区分布不平衡性,主要产废行业为黑色金属矿采选、电力及热力生产和供应业、黑色金属冶炼和压延加工业、煤炭开采和洗选业、有色金属矿采选业、化学原料和化学制品制造业;产生量较大的废物种类为尾矿、粉煤灰、煤矸石、冶炼废渣和炉渣;产废量较大的省份为河北、山西、辽宁、内蒙古和山东。

　　危险废物是指列入国家危险废物名录或者根据国家规定的危险废物鉴别标准和方法认定的具有危险特性的固体废物。这类废物具有易燃性、腐蚀性、反应性、毒性和感染性等危险特性,随意倾倒或利用处置不当会严重危害人体健康,甚至对生态环境造成难以恢复的损害。我国工业危险废物产生量较大的行业为化学原料和化学制品制造业、有色金属冶炼和压延加工业、非金属矿采选业、造纸和纸制品业;产生量较大的危险废物种类为废碱、石棉废物、废酸、有色金属冶炼废物、无机氰化物废物、废矿物油;危险废物产生量较大的省份为山东、青海、新疆、湖南和江苏。(见图7-1)

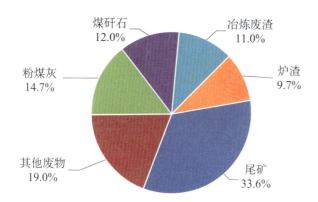

图 7-1　一般工业固体废物产生量构成

表 7-1　2011—2014 年全国一般工业固体废物产生及处理情况　单位:万吨

年份	产生量	综合利用量	贮存量	处置量	倾倒丢弃量
2011	322 722.3	195 214.6	60 424.3	70 465.3	433.3
2012	329 044.3	202 461.9	59 786.3	70 744.8	144.2
2013	327 701.9	205 916.3	42 634.2	82 969.5	129.3
2014	325 620.0	204 330.2	45 033.2	80 387.5	59.4
变化率%	−0.6	−0.8	5.6	−3.0	−54.1

表 7 - 2　全国工业危险废物产生及处理情况　　　　　　　　　单位：万吨

年份	产生量	综合利用量	处置量	贮存量	倾倒丢弃量
2011	3 431.2	1 773.1	916.5	823.7	…
2012	3 465.2	2 004.6	698.2	846.9	…
2013	3 156.9	1 700.1	701.2	810.9	…
2014	3 633.5	2 061.8	929.0	690.6	…
变化率%	15.1	21.3	32.5	—14.8	…

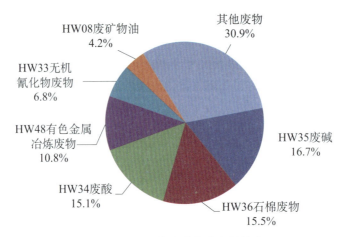

图 7 - 2　工业危险废物产生量构成

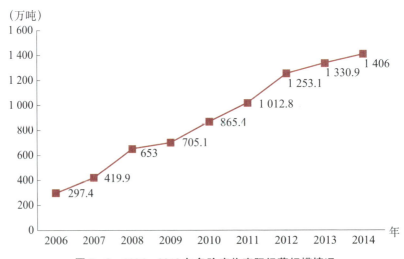

图 7 - 3　2006—2013 年危险废物实际经营规模情况

（二）固体废物环境污染问题与挑战

固体废物种类繁多、产生量大，危险废物危害性和环境风险突出，管理不当将对大气、水、土壤环境造成直接影响，甚至引发突发环境事件，需要高度关注。当前，我国固体废物污染问题与挑战主要表现在以下方面。

1. 固体废物产生量大，历史遗留废物长期堆存，治理难度高

2014 年，我国一般工业固体废物产生量位居世界第一，是欧盟的 2 倍、日本的 30 余倍。2004 年至 2014 年期间，我国一般工业固体废物产生量年平均增长率为 17.3%，与第二产业 GDP 增长呈现明显正相关，产生强度长期处于高位运行。近四成一般工业固体废物没有得到有效利用，累计堆存达 280 亿吨。全国尾矿库约 11 400 座，其中停用库 1 872 座、"头顶库" 1 451 座、"三边库" 466 座，易突发环境事件。2014 年全国土壤污染状况调查公报显示，在调查的 188 处固体废物处理处置场地的 1 351 个土壤点位中，超标点位占 21.3%。这些堆存固体废物、尾矿和污染场地的污染治理成本，已成为我国经济社会发展的沉重负担。

2. 新产生的固体废物污染问题开始显现

在大气、水、土壤、重金属污染治理和总量减排过程中，工业和生活污泥、除尘灰渣、脱硫石膏、废脱硝催化剂、废尾气净化催化剂等各类固体废物以及危险废物产生量也随之增加，如不及时采取措施或随意堆放，将再次污染水、大气和土壤环境。废铅酸蓄电池、报废汽车、废弃电器电子产品等居民生活过程中产生的社会源固体废物数量增长迅速，给固体废物污染防治带来新的挑战。

3. 非法转移、倾倒、处置问题较为突出

由于固体废物、危险废物产废企业主体责任不落实、罚则不完善等原因，非法转移、倾倒、处置危险废物，非法走私、倒卖进口废物，以及电子废物不规范拆解、处理等违法案件日益增加。2014年，各级环保部门向公安机关移送涉嫌环境污染犯罪案件2 180件，经分析，非法排放、倾倒、处置危险废物3吨以上的案件约占40％。

4. 经济激励政策和技术标准体系不完善

现行《排污费征收使用管理条例（2002）》与《环境保护税法（征求意见稿)》规定的固体废物环境税费政策仅对于不符合环境保护标准排放的工业固体废物征收，不能遏制固体废物的产生，也起不到促进无害化利用处置的作用。《资源综合利用产品及劳务增值税优惠目录》等退税政策未考虑企业守法情况和环保绩效，不能激励产废企业主动履行环保责任。固体废物综合利用产品缺少有毒物质的环境安全控制标准，环境安全性和对食物链影响难以界定，存在环境安全隐患，并受到公众的广泛质疑。

5. 固体废物污染防治投入严重不足

2005年以来，我国工业固体废物污染治理投资占工业污染治理总投资的平均比例仅为4％，且投资占总投资比例逐年下降，2014年投资额度占污染治理总投资约1.5％，为历史最低点。各级环境保护主管部门负责固体废物污染防治工作的部门职责不清晰，监管队伍不健全，专业水平参差不齐。全国固体废物和化学品管理技术队伍仅有1 500人，不足环保系统人员总数的1％，超过一半的地级市没有固体废物管理专门队伍。而2010年美国联邦环保署从事危险废物环境管理的人员就有约2 000人，占其人员总数的12％；日本环

境省负责固体废物管理的人员占其人员总数的近 10%。

（三）固体废物污染防治工作进展

1. 固体废物污染防治法律体系基本建立

1995 年以来，我国先后出台了《中华人民共和国固体废物污染环境防治法》《中华人民共和国循环经济促进法》《中华人民共和国清洁生产促进法》等法律，《危险废物经营许可证管理办法》《医疗废物管理条例》《废弃电器电子产品回收处理管理条例》等行政法规。环境保护部、发展改革委、住房和城乡建设部、商务部等部门针对危险废物、医疗废物、废弃电器电子产品、进口废物、生活垃圾、再生资源等制定了 50 多项部门规章、规范性文件及标准规范。"十二五"期间，有关部门编制了《"十二五"危险废物污染防治规划》，建立了废弃电器电子产品处理的政府性基金，更新了《国家危险废物名录》和《进口废物管理目录》，进一步完善了固体废物环境管理政策体系。全国固体废物管理信息系统和废弃电器电子产品回收处理信息系统建成并投入使用。以危险废物、进口废物、电子废物和历史遗留危险废物治理为管理重点，通过抓废物源头减量化、资源化和无害化，固体废物管理和污染防治工作取得积极进展。

2. 企业规范化管理水平不断提高

环境保护部自 2011 年起开展危险废物产生单位和经营单位规范化管理督查考核工作。五年来，各环境保护督查中心共抽查 8 000 余家危险废物产生单位和经营单位，2015 年的抽查合格率分别为79.0% 和 79.1%，比 2011 年分别提高 15.3 和 15.1 个百分点。

3. 集中利用处置能力大幅提升

2004 年《全国危险废物与医疗废物处置设施建设规划》实施以

来，全国共建成危险废物集中处置设施 50 家，医疗废物集中处置设施 288 家，带动了危险废物集中利用处置设施建设和市场化快速发展。2015 年，持危险废物经营许可证单位有 1 980 家，核准利用处置能力 5 138 万吨/年，实际利用处置量 1 523 万吨，分别为 2006 年的 7.2 倍和 5.1 倍。

知识链接——"两高"关于办理环境污染刑事案件的司法解释

2013 年 6 月 18 日，最高人民法院、最高人民检察院发布《关于办理环境污染刑事案件适用法律若干问题的解释》。司法解释明确 14 种"严重污染环境"的入刑标准，其中，5 种直接与固体废物和危险废物相关，分别是：

1. 在饮用水水源一级保护区、自然保护区核心区排放、倾倒、处置有放射性的废物、含传染病病原体的废物、有毒物质；

2. 非法排放、倾倒、处置危险废物超三吨；

3. 非法排放含重金属、持久性有机污染物等严重危害环境、损害人体健康的污染物超过国家污染物排放标准或者省、自治区、直辖市人民政府根据法律授权制定的污染物排放标准三倍以上的；

4. 私设暗管或者利用渗井、渗坑、裂隙、溶洞等排放、倾倒、处置有放射性的废物、含传染病病原体的废物、有毒物质的；

5. 两年内曾因违反国家规定，排放、倾倒、处置有放射性的废物、含传染病病原体的废物、有毒物质受过两次以上行政处罚，又实施前列行为的。

案例——倾倒和非法转移处置危险废物被判刑

2013 年 9 月 17 日，湖北省黄石市环保局通报一起大冶市查处的非法倾倒、处置危险废弃物案件。3 名犯罪嫌疑人被公安机关实施逮捕，提供该危险废弃物给犯罪嫌疑人进行非法处置的企业也已缴纳 280 万元罚款。这是 2013 年 6 月 18 日最高人民法院、最高人民检察院出台环境污染刑案司法解释颁布以来，黄石市首起环境污染入刑案件。

知识链接——废弃电器电子产品处理基金

国家为促进废弃电器电子产品回收处理设立了废弃电器电子产品处理的政府性基金，对于建立促进废弃电器电子产品回收处理的长效机制，规范我国废弃电器电子产品回收处理活动，防止和减少环境污染具有重要意义。

废弃电器电子产品处理基金补贴基本流程如下：

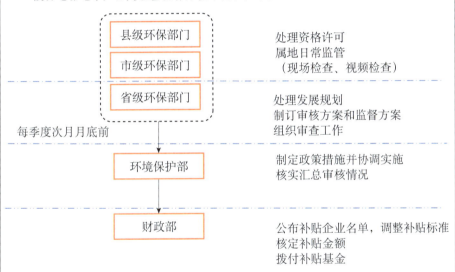

截至2015年年底，全国共有109家获得废弃电器电子产品处理基金补贴资格的企业，处理电视机、电冰箱、洗衣机、房间空调器和微型计算机等五类废弃电器电子产品约7 600万台。

四、固体废物污染防治的主要目标和任务

在环保新常态下，我国固体废物污染防治要着力加强监管能力建设，遵循"减量化、资源化、无害化"和"污染者依法负责""生产者责任延伸"原则，以改善环境质量为核心，以防范危险废物环境风险为目标，以改革精神完善相关制度，突出重点地区、重点行

业和企业，推进分级分类管理和全过程控制，强化企业主体责任和地方政府与部门监管责任，着力提升固体废物利用处置能力、环境监管能力和科技支撑能力，逐步实现源头管理精细化、贮存转运规范化、过程监控信息化、设施布局科学化、利用处置无害化，不断提升固体废物环境管理水平。

五、固体废物污染防治主要措施

（一）强化工业危险废物的污染防治

工业危险废物的污染防治，关键是按照"谁污染谁治理（或付费）"的原则，落实产生者主体责任。产生者的责任须以有害物质的全过程控制为重点，从原料开采、生产、废弃、利用、处置全生命周期考虑，实施"主动式"防控，而不能再停留在废物产生之后"被动式"防控。

从产业发展角度，要将废物处理成本纳入生产成本。例如，根据废物种类、危害性征收环境税等方式，倒逼企业切实落实产废单位的责任，淘汰和限制废物产量大、危害高、难处理的落后工艺，减少废物产生量和危害性。

在废物产生环节，产废企业要按照危险废物规范化管理要求，建立危险废物内部管理制度，制定危险废物管理计划，建立危险废物管理台账。新改扩建项目环境影响评价应当严格按照《国家危险废物名录》明确危险废物产生清单及其在贮存、转移、利用、处置过程中的污染防治要求。

在废物利用处置环节，鼓励不同种类固体废物在企业内部和产业链上下游进行综合利用，制定相关产品标准和技术规范。鼓励大型石油化工等产业基地及工业园区配套建设危险废物集中处置设施，并可提供对外经营服务。不具备技术经济条件、不适合自行利用或处置的危险废物，必须按照国家有关规定交由具有危险废物经营许可证的单位利用处置。

知识链接——危险废物污染管控重点行业、区域和企业

> 重点行业：化学原料及化学制品制造业（基础化学原料制造，农药制造，涂料油墨、颜料及类似产品制造，专用化学产品制药等）、有色金属冶炼、原油加工及石油制品制造等。
>
> 重点区域：危险废物量大面广的地区；重金属污染防治重点区域；危险废物规范化考核落后地区；各类化工园区、工业开发区，媒体曝光多、群众投诉多的地区等。
>
> 重点企业：年产生量1 000吨以上危险废物的产废单位可列为国家重点监控企业。各地环保部门可根据本地区产业特点，将危险废物经营单位以及涉及重点行业和重点区域年产生量达到一定数量的危险废物产废单位确定为本省、市、县危险废物重点监控企业并及时更新。

（二）妥善处理历史遗留危险废物

历史遗留危险废物是造成水体、土壤环境污染和环境突发事件的重要因素，其环境风险不容忽视。但是，历史遗留危险废物大多数是找不到责任人的废物，因而其治理责任通常由地方政府承担。

掌握历史遗留危险废物的分布、种类、数量和污染特性，建立清单，是治理历史遗留危险废物、防范环境风险的基础和前提。"十三五"及今后一段时期的主要措施，是结合土壤污染情况详查，以历史遗留含重金属废渣、多氯联苯和杀虫剂类持久性有机污染物废物以及位于环境敏感区域的其他历史遗留危险废物为重点，及早制定综合整治方案和开展工程示范，逐步排查、识别和治理历史遗留危险废物及污染场地。

（三）完善社会源固体废物收集处理体系

社会源固体废物广泛产生自居民生活以及机关、团体、企事业单位等社会服务活动，具有产生源分散、产生量大、成分复杂、收集成本高等特点，如何有效收集是最大的难题。

社会源固体废物污染防治的主要措施是实行生产者责任延伸制度，以生产者为主承担产品废弃后的收集处理责任。例如，我国建立的废弃电器电子产品处理基金制度是我国首个生产者责任延伸制度体系，其成功运行为其他报废产品等社会源固体废物的回收处理提供了良好的借鉴。此外，消费者和相关机关、团体、企事业单位也需要承担责任，这就需要下大力气广泛开展环境教育，持续提升公众的环境意识，使集中收集的各类社会源危险废物交由具备资质的危险废物经营单位进行无害化利用处置。

当前，社会源固体废物收集处理的重点包括：优化废弃电器电子产品拆解处理产业布局，规范机关、团体、企事业单位将产生的废弃电器电子产品提供或委托给有相应处理资格的单位进行拆解处理；加强对报废机动车拆解企业的环境监管，防止报废机动车拆解过程以及产物无序利用造成的环境污染；加强废弃含汞节能灯、废旧电池（废铅酸蓄电池、废镍镉电池、废氧化汞电池）、实验室废物以及收缴的侵权假冒危险废物和易制毒品等社会关注度高的社会源危险废物在分类收集、转移以及利用处置等过程中的污染防治，完善收集经营许可证制度、转移联单制度和收集环节豁免管理要求，健全分类收集体系。

（四）防范固体废物集中利用处置过程的二次污染

由于固体废物兼具大气、水体、土壤环境污染的"源"与"汇"，固体废物利用处置设施能否以无害化方式对固体废物进行利用处置，决定了环境污染治理的最终成效。各类固体废物集中处置设施应当纳入环境基础设施，由地方政府负责对规划用地和建设提供必要保障，并加强对建成运行设施的监督管理。

要结合产业发展和地区特点，将生活垃圾焚烧厂、生活垃圾填埋场、城镇污泥集中处置厂、协同处置固体废物的水泥窑、工业集聚区工业污泥集中处置厂、餐厨废弃物资源化利用和无害化处置等企业纳入重点污染源监督范围，完善污染控制标准和技术规范，加强固体废物利用处置设施废水、废气（含特征污染物）排放的环境监测，确保达标排放。对危险废物经营单位等集中利用处置设施开展环境绩效评估，支持优质企业做大做强，淘汰技术设备落后、不符合环保要求、缺乏诚信和管理混乱的企业。

（五）统筹进口废物和国内再生资源综合利用污染防治

可用作原料的进口废物和国内再生资源虽然是国际国内两种资源、两个市场，但其废物属性是相同的，利用的行业企业也是相同的。因此，可用作原料的进口废物和国内再生资源的污染防治应当统筹考虑。此外，进口废物管理还需高度重视和持续保持对非法走私进口行为的打击力度，维护国家环境安全。

要严厉打击各类进口废物企业的违法行为，限期整治或取缔各类固体废物非法拆解加工处理小作坊和污染严重的废物加工利用集散地，禁止非法焚烧、酸浴电路板、废塑料加工污染超标排放以及电子废物拆解产物深加工污染超标排放等行为。将国内现有工业园区项目与进口废物"圈区管理"相结合，加强对国内废物加工利用企业的政策引导，鼓励企业进入园区实行"圈区管理"，对废物加工利用过程中产生的废气、废水和危险废物等进行集中控制，提高圈区内废物加工利用企业的污染防治水平。

（六）加强大宗固体废物的污染防治

大宗工业固体废物产生量极大，其污染防治的关键在于源头减量和大力推动综合利用。合理的经济措施是促进大宗工业固体废物综合利用的重要手段。例如，大部分尾矿、矿渣、粉煤灰等大宗工业固体废物可以替代天然材料作为建筑、交通、市政工程的原料，但是由于市场价格原因替代率很低，因此，通过对产生大宗工业固体废物的企业征收处理税费，或者对天然材料开采活动征收资源税费，用于补贴综合利用产品，调节原生材料和再生材料的市场价格，有利于促进大宗工业固体废物的消纳。此外，要注意采取措施加强各类大宗工业固体废物综合利用过程中的污染防治，特别是开展综合利用产品环境安全评估，制订相关控制标准和技术规范，防止固体废物在综合利用过程中带来新的污染问题。加强各类工业废物堆放地的环境风险评估，制定突发环境事故预案，采取有效措施防止对大气、水和土壤环境的污染。

（七）创新信息化手段，提升固体废物环境管理水平

互联网正在改变着我们的生活和生产方式。2015年7月发布的《国务院关于积极推进"互联网＋"行动的指导意见》对"互联网＋"与固体废物管理提出明确的要求与思路，主要包括：大力发展智慧环保，完善环境预警和风险监测信息网络，提升重金属、危险废物、危险化学品等重点风险防范水平和应急处理能力；建立废弃物在线交易系统，鼓励互联网企业积极参与各类产业园区废弃物信息平台建设，推动现有骨干再生资源交易市场向线上线下结合转型升级，逐步形成面向社会服务的电子商务平台，促进废物回收利用，同时有效支持环境管理工作。

在应用信息化手段推进风险防范水平和应急处理能力方面，应用电子联单取代传统的纸质联单，降低行政成本，方便企业。将来废物申报、跨省转移、经营许可等事项都可以在网上办理，利用信息化手段提升对固体废物的全过程监控成效。

在应对危险废物引发的突发事件或热点议题方面，政府要善于运用微博、微信等网络传媒手段积极应对，主动公布信息，同时要求监管对象公开信息，主动参与交流，积极应对，化被动为主动。大中城市人民政府环境保护行政主管部门应当定期发布固体废物的种类、产生量、处置状况等信息，进一步推进固体废物管理和处置信息公开。

第二节　化学品环境管理

化学品是现代社会不可缺少的生产资料和消费品，在医药、农

药、化学肥料、塑料、纺织纤维、电子化学品、家庭装饰材料、肥皂和洗衣粉、化妆品、食品添加剂等方面广泛应用。许多化学品具有毒性、生物蓄积性、不易降解性、致癌、致畸、致突变及干扰内分泌系统等危害，在其生产、存储、销售、运输、使用以及作为废物处置的整个生命周期中，由于误用、滥用、排污、化学事故和处理处置不当等原因，会对人类健康和生态环境产生不利影响，已成为引发癌症、生育疾病等损害群众健康的突出环境问题之一，成为损害大气、水和土壤环境质量的重要原因。加强化学品管理是我国环境管理的必然要求。

一、化学品环境管理概况

（一）化学品生产和使用的基本情况

我国化学工业自 21 世纪初以来增长迅速，2012 年总产值 10.55 亿元，位居世界第一位，农药、染料、化肥、烧碱、纯碱、甲醇等产品的产量已居世界第一。全国近 4 万家化工企业中，规模化企业达 2 万多家，以工业原材料及大宗产品居多，高附加值的化工产品比重相对较低。我国化学品具有种类繁多、性态复杂、具有危害性等特点。目前，我国生产使用的化学物质有 10 万种左右，化学品 4.5 万种，其中列入我国《危险化学品目录》的化学品有 2 828 种。绝大多数化学物质缺少危害特性及暴露数据，环境风险评估工作尚未开展。发达国家已淘汰或限制的部分有毒化学品在我国仍在规模化生产和使用，部分高环境风险化学品生产也在向我国转移和集中，这都将给我国带来巨大的环境压力。

（二）化学品污染的形势和成因

1. 产业布局不合理，环境风险隐患突出

我国化学工业整体上呈"东重西轻"的布局特征，农药原药、涂料、染料的生产企业主要集中在东南沿海及华北地区，而且总体沿水、靠城分布，一旦发生事故，很容易造成对水体或人口集聚区的影响，环境风险隐患突出。近年来，由危险化学品生产事故、交通运输事故以及非法排污引起的突发环境事件频发。2008—2015年，全国环保系统处理的环境污染事故共786起，其中，62%是由于化学品生产、使用、运输引起的，15.5%是由于化学污染物排放引起的。2010年以来，相继发生紫金矿业泄漏污染、大连中石油国际储运有限公司陆上输油管道爆炸引发海洋污染、杭州苯酚槽罐车泄漏引发新安江污染等重大突发环境事件，造成严重的环境污染和不良社会影响。

2. 技术和管理水平落后，相关行业特征污染物排放引发局部环境质量恶化

我国化学工业经济总量居于世界第一，但有相当一部分环境风险高、经济附加值低的有毒有害化学品，如具有持久性、生物蓄积性和毒性物质（PBT）、致癌、致畸性和生殖毒性物质（CMR）和环境激素类物质（EDCs）等，仍然在我国大量生产、使用和出口。我国化学品相关行业技术和工艺水平参差不齐，部分企业技术落后，污染防治和风险防控设施不完善，清洁生产水平不高，物料浪费、有毒有害化学物质排入环境的现象较为普遍，化工生产、农药、医药、染料、精细化工、电子电器和纺织等行业尚未实施有效的特征污染物污染防治和环境监测，高强度的有害化学物质生产使用活动

引发的危险化学品渗漏和排放对我国各类环境介质造成严重影响，部分地区环境质量持续恶化。

3. 化学品管理制度缺失，有害化学物质滥用导致的环境和健康风险与日俱增

我国尚未建立化学品源头环境准入的法律要求，缺乏化学物质环境危害筛查和风险评估制度，化学物质生产和使用几乎不受控制。许多有害化学物质以功能型添加剂或残留形式进入公众衣食住行所涉及的食品、消费品、饮用水等各个方面，物品、消费品中化学品安全事件频繁曝光，如服装中的壬基酚、免烫衬衫中的甲醛、饮料中的塑化剂、奶粉中的三聚氰胺、奶瓶中的四溴双酚-A、学校"毒跑道"等。此外，发达国家已淘汰或限制的部分有毒有害化学品在我国仍有规模化生产和使用，此类化学品往往具有环境持久性、生物蓄积性、遗传发育毒性和内分泌干扰性等，对人体健康和生态环境构成长期或潜在危害。

大气中有毒化学物质排放

含有毒化学品的污水排放

化学品污染引起鱼类大批死亡

二、化学品环境管理工作进展

（一）化学品环境管理受到高度重视

我国政府非常重视化学品环境管理和风险防控工作，2011 年国务院发布《关于加强环境保护重点工作的意见》，提出要严格化学品环境管理，健全化学品全过程环境管理制度。2015 年中共中央、国务院印发《关于加快推进生态文明建设的意见》，提出要建立健全化学品、持久性有机污染物等环境风险防范与应急管理工作机制。2016 年 3 月，《国民经济和社会发展第十三个五年规划纲要》提出"加强有毒有害化学物质环境和健康风险评估能力建设"。在环境保护法、清洁生产促进法等多部法律中都对化学品生产、使用和环境排放有原则性规定。近年来，特别是"十二五"以来，我国环境管理范围正逐步由常规污染物向所有污染物扩展，环境管理方法正逐步由末端控制向源头预防转变，在此背景下，以化学物质源头风险预防为标志的化学品环境管理工作正迎来前所未有的发展机遇。

（二）推进化学品环境管理政策法规建设

我国 2010 年修订了《新化学物质环境管理办法》，进一步强化了新化学物质的环境管理，引入了风险评估的管理理念，要求申报量在 1 吨以上的新化学物质申报企业应提交风险评估报告，在原来仅对新化学物质固有危害特性评估基础上，增加对暴露程度、人体健康和环境风险控制措施适当性等风险方面的评估内容；明确新化学物质要分类管理，危险类和重点环境管理危险类的新化学物质生产企业和加工使用企业应接受地方环保部门的监管。

2011 年新修订实施《危险化学品安全管理条例》，全面加强了危险化学品生产、储存、使用、经营、运输和处置等环节的管理，其中特别明确了环境保护主管部门的职责，除原有的负责废弃危险化学品处置的监督管理、依照职责分工调查相关危险化学品环境污染事故和生态破坏事件，负责危险化学品事故现场的应急环境监测外，还进一步明确了组织危险化学品的环境危害性鉴定和环境风险程度评估、确定实施重点环境管理的危险化学品和负责危险化学品环境管理登记和新化学物质环境管理登记方面的职责。

2015 年 4 月，国务院印发《水污染防治行动计划》，从优化空间布局、严格环境风险控制、严格控制环境激素类化学品污染、健全法律法规和经济政策等方面，明确了化学品环境管理的基本任务。

知识链接——《水污染防治行动计划》中有关化学品环境管理的内容

（六）优化空间布局。七大重点流域干流沿岸，要严格控制石油加工、化学原料和化学制品制造、医药制造、化学纤维制造、有色金属冶炼、纺织印染等项目环境风险，合理布局生产装置及危险化学品仓储等设施。

　　（十六）推行绿色信贷。鼓励涉重金属、石油化工、危险化学品运输等高环境风险行业投保环境污染责任保险。

　　（十七）完善法规标准。健全法律法规。加快化学品环境管理等法律法规制修订步伐。

　　（二十二）严格环境风险控制。防范环境风险。定期评估沿江河湖库工业企业、工业集聚区环境和健康风险，落实防控措施。评估现有化学物质环境和健康风险，2017年底前公布优先控制化学品名录，对高风险化学品生产、使用进行严格限制，并逐步淘汰替代。

　　（二十六）严格控制环境激素类化学品污染。2017年年底前完成环境激素类化学品生产使用情况调查，监控评估水源地、农产品种植区及水产品集中养殖区风险，实施环境激素类化学品淘汰、限制、替代等措施。

（三）化学品环境风险防控取得积极进展

　　2013年，环境保护部发布《化学品环境风险防控"十二五"规划》（以下简称《化学品规划》），落实国务院《关于加强环境保护重点工作的意见》确定的严格化学品环境管理、防范化学品环境风险的任务要求。《化学品规划》明确了"十二五"时期化学品环境管理的原则、重点和主要目标，通过实施优化布局、健全管理、控制排放、提升能力等主要任务，着力推进化学品全过程环境风险防控体系建设，遏制突发环境事件高发态势，控制并减少危险化学品向环境排放，逐步实现化学品环境风险管理的主动防控、系统管理和综合防治。

　　"十二五"期间，环境保护部组织开展了沿江沿河环境污染隐患排查整治行动，完成全国生产化学品环境情况调查工作，深化新化学物质登记和有毒化学品进出口管理，持久性有机污染物等全球关

注化学品污染防治取得积极进展。

三、化学品环境管理制度和措施

(一) 新化学物质登记制度

根据《新化学物质环境管理办法》，对未列入《中国现有化学物质名录》的新化学物质实施生产或进口前申报登记，对新化学物质的有毒有害性质进行登记识别和审查，预防有毒有害化学物质可能造成的环境污染，从源头上保护人体健康和环境安全。新化学物质登记分为常规申报、简易申报和科学研究备案申报，申报类型和申报量级不同，要求提交的测试数据要求也不同，级别越高，数据要求越严格，需要的毒理学数据和生态毒理学数据就越多。环境保护部组织专家对新化学物质的健康危害性和环境危害性进行鉴别和审查评价，对于有适当风险控制措施的，准予登记，颁发新化学物质登记证，明确管理类别和后续监督管理的要求；对于无适当风险控制措施的，不予登记。

(二) 有毒化学品进出口登记许可制度

进出口列入《中国严格限制进出口的有毒化学品目录》中的有毒化学品，其进出口经营者需向环境保护部主管部门办理进出口登记手续，获得环境保护部的审批许可后方可进出口。

(三) 危险化学品环境管理登记制度

根据《危险化学品安全管理条例》的规定，环境保护部主管部门负责危险化学品环境管理登记。

（四）重点环境管理危险化学品转移释放登记制度（PRTR）

根据《危险化学品安全管理条例》的规定，生产实施重点环境管理的危险化学品的企业，应当按照国务院环境保护主管部门的规定，将该危险化学品向环境中释放等相关信息向环境保护主管部门报告。环境保护主管部门可以根据情况采取相应的环境风险控制措施。

（五）执行重点行业特征污染物排放控制标准

《大气污染物综合排放标准》（GB 16297—1996）中包含约 30 种有机化合物和重金属等化学污染物最高允许排放浓度指标，《污水综合排放标准》（GB 8978—1996）中包含约 10 种重金属和 39 种有机化学品污染物指标。近年来，我国还陆续出台了石油化工、染料、制革、纺织等化学品生产和使用行业的污染控制标准，规定其中特征污染物的排放限制，最大限度减少生产和使用活动对环境的累积性排放影响。

知识链接——化学品目录管理制度

由于化学品数量众多，化学品管理实行目录管理制度，即由相关条例或规章规定的有关部门制定颁布管理目录，明确各管理条例和规章下重点管理的化学品种类。主要包括：中国现有化学物质名录，危险化学品目录，严格限制进出口有毒化学品目录，重点环境管理危险化学品目录等。

管理名单名称	化学品数量	适用范围
中国现有化学物质名录（2013年版）	45 612	用于在实施新物质登记管理中识别新化学物质。名录外的化学品应实施新化学物质登记制度
危险化学品目录（2015年版）	2 828	指具有毒害、腐蚀、爆炸、燃烧、助燃等性质，对人体、设施、环境具有危害的剧毒化学品和其他化学品，应按《危险化学品安全条例》要求进行安全管理
中国严格限制进出口有毒化学品目录（2014年版）	162	指鹿特丹公约、斯德哥尔摩公约等国际公约监控名单化学品，应实施进出口登记制度

四、化学品环境管理近期目标和任务

基于对当前我国化学品管理工作现状及面临的形势的深入分析，我国化学品环境管理近期总体思路是：以改善环境质量为核心，以防控化学品环境与健康风险为目标，贯彻系统化、科学化、法治化、精细化和信息化管理要求，全面收集化学品信息，开展风险评估，突出宏观管理，强化科技支撑，立足有限目标，积极主动作为，力争到2020年，建成化学品危害特性基础数据库，基本掌握我国化学品生产使用情况，初步形成化学品危害识别和风险评估能力，基本建立化学品坏境管理法规标准体系，国际公约管制化学品环境与健康风险得到有效防控，有毒有害污染物防治取得积极进展。

（一）研究制定化学品环境管理国家战略

提出国家化学品环境管理的基本方针、原则、政策及总体战略目标，构建化学品风险防控管理体系框架，提出中长期化学品风险评估与风险管理行动计划和化学品环境管理能力建设规划。

（二）稳妥推动化学品环境管理立法

秉承风险管理理念，采用全球化学品统一分类和标识方法，建立和完善以新化学物质登记、化学品生产使用情况定期调查、危害识别、风险评估与风险防控、化学物质测试实验室管理、有毒有害化学污染物释放与转移登记、公众知情与参与等为基本制度的化学品环境风险管理制度体系。

（三）逐步完善化学物质环境风险评估制度

建立现有化学物质环境与健康风险评估方法、程序和技术规范，建成化学品危害特性基础数据库，基本掌握我国化学物质生产使用情况，初步形成化学物质危害识别和风险评估能力，开展现有化学物质环境危害性筛查和风险评估，研究制定优先评估化学物质清单、优先控制化学物质清单和限制淘汰化学物质清单，推动开展化学品风险防控工作。

（四）持续推进有毒有害化学物质污染防治工作

完善新化学物质登记和有毒化学品进出口等现有制度，开展污染物释放与转移登记制度试点，以环境激素类化学品为重点继续开展化学品生产和使用环境情况调查，落实防控措施，以履行斯德哥尔摩公约、汞公约履约为契机，持续推进有毒有害化学物质环境管理工作。

第八章 >>>

生态与农村环境保护

我国是生态类型多样的国家，亦是农业大国，生态与农村环境保护在生态文明建设进程中具有极其重要的战略地位。当前我国资源环境约束趋紧，生态和农村环境问题是我国经济社会可持续发展的重要制约因素之一。加强生态与农村环境保护是加快推进生态文明建设的重要内容，是筑牢生态安全屏障的重要保障，是改善和保障民生的一项迫切需求。

第一节　生态与农村环境保护形势

一、主要问题与成因

总体上，我国生态承载能力已经达到或接近上限，生态恶化趋势尚未扭转，主要表现在：一是生态空间遭受持续威胁。2000—2010 年，我国城镇面积由 19.86 万平方公里增加到 25.42 万平方公里；京津冀、长三角、珠三角、成渝、辽东南等城市群，十年占用农田 2.94 万平方公里。为维护耕地"占补平衡"，一些生态空间被开垦为耕地。二是生态系统质量和服务功能低下。2013 年，我国森林覆盖率为 21.63%，低于全球 31% 的平均水平；我国 80% 的天然草地退化，水土流失面积 167.75 万平方公里，沙化土地 182.35 万平方公里，石漠化面积 9.56 万平方公里。三是生物多样性加速下降的总体趋势尚未得到有效遏制，我国高等植物的受威胁比例达 11%，特有高等植物受威胁比例高达 65.4%，脊椎动物受威胁比例达 21.4%；遗传资源丧失和流失严重，60%～70% 的野生稻分布点已经消失；外来入侵物种危害严重，常年大面积发生危害的超过 100 种。四是农业和农村环境污染形势严峻，农村水源地环境污染事件时有发生，全国仍有 85% 的行政村没有开展环境综合整治，畜禽养殖废弃物综合利用水平低、资源浪费和流失严重，村庄环境脏乱差现象普遍，面临城市和工业污染转移的巨大压力。

生态破坏与农村环境污染

我国生态与农村环境不断恶化的主要原因有：一是生态环境本底脆弱。我国山地多，平地少，约 60% 的陆地国土空间为山地和高原，生态脆弱区域面积大。中度以上生态脆弱区域占全国陆地国土空间的 55%。脆弱的生态环境容易遭受气候变化的影响。二是不合理的资源开发与建设活动是生态环境退化的主要因素。水资源过度开发导致流域生态功能失调，黄河、淮河、辽河水资源开发利用率已超过 60%，海河甚至超过 90%，远远超过国际公认的 40% 警戒线，导致流域生态功能严重失调。矿产资源开发严重破坏生态环境。

城镇化、工业化进程不断侵占生态空间，破坏生态平衡。三是生态与农村环境基础设施严重不足。生态建设投入总体偏低。2008—2015年中央财政累计投入农村环保专项资金315亿元，带动了地方上千亿元农村环保投入，建成了一大批农村生活垃圾、污水处理设施，但2015年年底全国仍有40%的行政村没有垃圾收集处理设施，80%的行政村未建设污水处理设施。四是生态与农村保护体制机制不健全。生态与农村保护的法律法规体系不完备，统一管理、权责一致的行政体制尚未建立，生态文明制度尚不健全，监测预警机制有待完善，生态监管能力有待提高，环境保护机构和能力不足。

二、主要工作进展

（一）不断强化生态功能保护和恢复

2010年，国务院发布实施《全国主体功能区规划（2011—2020年）》，明确要求构建"两屏三带"为主体的生态安全战略格局（见图8-1），即以青藏高原生态屏障、黄土高原—川滇生态屏障、东北森林带、北方防沙带和南方丘陵山地带以及大江大河重要水系为骨架，以其他国家重点生态功能区为重要支撑，以点状分布的国家禁止开发区域为重要组成的生态安全战略格局。生态安全战略格局的提出，标志着我国生态环境保护由传统的单要素生态系统的保护和恢复向综合性的生态安全维护转变。

以《全国主体功能区规划》为依据，加强了国家重点生态功能区的保护与管理，扩大了国家重点生态功能区范围，开展了生态保护红线划定。国家发展改革委员会、环境保护部、财政部联合发布

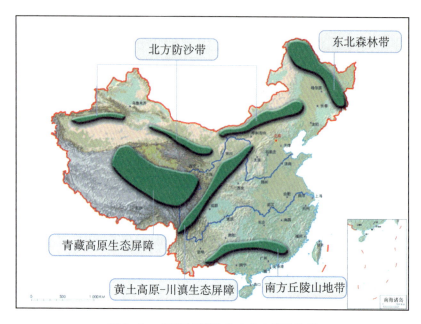

图 8-1   "两屏三带"生态安全战略格局

了《关于加强国家重点生态功能区环境保护与管理的意见》，国家发
展改革委员会和环境保护部联合启动了国家主体功能区试点示范工
作，环境保护部启动了国家重点生态功能区全过程管理试点工作，
财政部逐步完善了国家重点生态功能区转移支付制度。

知识链接——国家重点生态功能区及转移支付政策

　　国家重点生态功能区是指承担水源涵养、水土保持、防风固沙和生物多样性维护
等重要生态功能，关系全国或较大范围区域的生态安全，需要在国土空间开发中限制
进行大规模高强度工业化城镇化开发，以保持并提高生态产品供给能力的区域。《全
国主体功能区规划》在全国划定了大小兴安岭森林生态功能区等25个地区，2016年9
月，国务院批准新增240个县域，87个重点国有林区林业局纳入国家重点生态功能
区。目前，国家重点生态功能区涉及676个县级行政区。

　　自2008年开始，财政部在均衡性转移支付中设立了国家重点生态功能区转移支

付，目的是维护国家生态安全，促进生态文明建设，引导地方政府加强生态环境保护，提高国家重点生态功能区所在地政府基本公共服务保障能力。截至 2014 年，中央财政已经累计下达国家重点生态功能区转移支付资金 2 004 亿元，转移支付政策对国家重点生态功能区的生态环境保护发挥了积极的作用，大部分地区对环境保护工作的重视程度明显提高，生态环境投入明显增加，县域环境基础设施建设水平、环境基本公共服务能力和生态环境监测监管能力明显提升。

国家重点生态功能区转移支付按照公平公正、公开透明，分类处理、突出重点，注重激励、强化约束的原则对转移支付资金进行分配，转移支付下达到省，财政部对省对下资金分配情况、享受转移支付的县的资金使用情况进行绩效考核，并委托环境保护部等部门对限制开发等国家重点生态功能区所属县进行生态环境监测考核，根据考核情况实施奖惩。

（二）生物多样性保护得到加强

成立中国生物多样性保护国家委员会，启动生物多样性保护重大工程，颁布实施《中国生物多样性保护战略与行动计划（2011—2030 年)》，提出了我国未来二十年生物多样性保护总体目标、战略任务和优先行动，划定了我国 35 个生物多样性保护优先区域。截至 2015 年年底，全国已建立各类自然保护区 2 740 个（国家级自然保护区 428 个），占陆地国土面积的比例为 14.84%，高于世界 12.7% 的平均水平。超过 90% 的陆地自然生态系统类型、89% 的国家重点保护野生动植物种类得到保护。

《战略与行动计划》确定了当前和今后我国生物多样性保护的总体思路：深入贯彻落实科学发展观，统筹生物多样性保护与经济社会发展，以实现保护和可持续利用生物多样性、公平合理分享利用遗传资源产生的惠益为目标，加强生物多样性保护体制与机制建设，强化生态系统、生物物种和遗传资源保护能力，提高公众保护与参与意识，推动生态文明建设，促进人与自然的和谐。

知识链接——我国生物多样性保护的十大优先领域

优先领域一：完善生物多样性保护与可持续利用的政策与法律体系

优先领域二：将生物多样性保护纳入部门和区域规划，促进持续利用

优先领域三：开展生物多样性调查、评估与监测

优先领域四：加强生物多样性就地保护

优先领域五：科学开展生物多样性迁地保护

优先领域六：促进生物遗传资源及相关传统知识的合理利用与惠益共享

优先领域七：加强外来入侵物种和转基因生物安全管理

优先领域八：提高应对气候变化能力

优先领域九：加强生物多样性领域科学研究和人才培养

优先领域十：建立生物多样性保护公众参与机制与伙伴关系

（三）不断推动完善生态保护补偿机制

自 2007 年起，环境保护部门开始推动建立全国生态保护补偿机制，印发了《关于开展生态补偿试点工作的指导意见》，选择山西、陕西、浙江、福建、海南等省份在矿产资源开发生态补偿、流域生态补偿、重要生态功能区生态补偿和自然保护区生态补偿等四个领域深入开展生态补偿试点工作。2016 年 4 月，国务院办公厅发布实施《关于健全生态保护补偿机制的意见》，要求在 2020 年，实现森林、草原、湿地、荒漠、海洋、水流、耕地等重点领域和禁止开发区域、重点生态功能区等重要区域生态保护补偿全覆盖，补偿水平与经济社会发展状况相适应，跨地区、跨流域补偿试点示范取得明显进展，多元化补偿机制初步建立，基本建立符合我国国情的生态保护补偿制度体系。

（四）加强生态保护监管能力建设

依托环境卫星，初步形成了天地一体化生态遥感监管能力，构建了以国内外多源卫星遥感数据为基础，综合各类地面监测数据、环境背景数据、社会统计数据和基础地理数据于一体的生态环境遥感监管综合信息平台。开展自然保护区人类活动遥感监测，完成了全国生态环境十年变化（2000—2010 年）遥感调查与评估工作，对青海木里矿区破坏性开采、卡山自然保护区违规瘦身、陕西秦岭北麓西安境内圈地建别墅、浙江杭州千岛湖临湖地带违规建设等典型生态破坏问题进行了查处。

（五）深化生态文明示范区建设

为落实生态文明建设战略，有序指导地方开展生态文明建设，提高地方生态文明建设的积极性，探索生态文明建设的模式和经验，环境保护部开展了生态文明建设示范区创建工作。截至目前，全国已有海南、吉林等16 个省开展了生态省建设，超过 1 000 个县（市、区）开展了生态县（市、区）的建设，已有 132 个市、县（区）获得国家生态建设示范区命名，126 个地区开展生态文明建设试点，4 590多个乡镇建成国家级生态乡镇。

（六）着力解决了一大批农村突出环境问题

近年来，环境保护部、财政部大力实施"以奖促治"政策，采取连片整治的方式，扎实开展以农村生活污水和垃圾处理、饮用水水源地保护等为重点内容的农村环境综合整治，解决了一批农民群众反映强烈的农村突出环境问题。截至 2015 年年底，全国已有

7.8万个村庄开展环境综合整治，1.4亿农村人口直接受益。全国已设置饮用水水源防护设施3800多公里，拆除饮用水水源地排污口3400多处；建成生活垃圾收集、转运、处理设施450多万个（辆），生活污水处理设施24.8万套，畜禽养殖污染治理设施14万套。

知识链接——"以奖促治"政策

2008年7月24日，国务院召开全国农村环境保护工作电视电话会议，时任国务院副总理李克强发表重要讲话，并提出针对那些严重危害农村居民健康、群众反映强烈的突出污染问题，采取有力措施集中进行整治，实行"以奖促治"政策。

（1）重点区域。以国家重大调水工程水源地、输水工程沿线以及其他重点饮用水源地涉及县（市、区）为重点整治区域，要优先开展以上区域集雨区范围内的村庄整治。

（2）整治内容。重点开展饮用水水源地保护、生活污水和垃圾处理、畜禽养殖污染防治等。

（3）推进方式。以建制村为基本整治单元，以整县（市、区）推进为主要方式，要把建立健全农村污染防治设施长效运行管护机制作为确定整治县（市、区）的前置条件。

（4）成效要求。包括环境明显改善、村容村貌整洁、管护制度健全三部分。

第二节　生态与农村环境保护主要目标

一、"十二五"时期目标完成情况

生态与农村环境监管水平明显提高，重点区域生物多样性下降趋势得到遏制，自然保护区建设和监管水平显著提升，生态示范建设广泛开展，生态文明建设试点取得成效，国家重点生态功能区得到有效保护，严重损害群众健康的农村突出环境问题基本得到治理，生态环境恶化趋势得到初步扭转。

具体工作目标包括：初步建立起以生态环境质量监测与评估为核心的生态监管体系；完成 25 个国家重点生态功能区的动态评估，初步建立国家重点生态功能区生态环境保护和管理政策和标准体系；陆地自然保护区面积占陆地国土面积比例稳定在 15％左右；90％的国家重点保护物种和典型生态系统类型得到保护，80％以上的就地保护能力不足、野外现存种群量极小的受威胁物种得到有效保护；建成生态县（市、区）不少于 50 个，生态市不少于 10 个，力争个别地区基本达到生态文明建设示范区的要求，2～3 个跨行政区域建成协同高效的生态文明联动机制，1～2 个行业制定实施生态文明建设示范标准；建设 50 家特色鲜明、成效显著的国家生态工业示范园区。

完成 6 万个建制村的环境综合整治；全国规模化畜禽养殖场和养殖小区配套建设固体废物和污水贮存处理设施的比例达到 50％以上。

二、"十三五"时期目标

"十三五"时期，我国生态保护的目标是：生态空间得到保障、生态质量有所提升、生态功能有所增强，生物多样性下降速度得到遏制，生态保护统一监管水平明显提高，生态文明建设示范取得成效，国家生态安全得到保障，与全面建成小康社会相适应。具体工作目标包括：全面划定生态保护红线，管控要求得到落实，国家生态安全格局总体形成；自然保护区布局更加合理，管护能力和保护水平持续提升，新建 30～50 个国家级自然保护区，完成 200 个国家级自然保护区规范化建设，自然保护区面积占陆地国土面积的比例维持在15％左右；完成生物多样性保护优先区域本底调查与评估，建立生物多样性观测网络，加大保护力度，国家重点保护物种和典型生态系统类型保护率达到95％；生态监测数据库和监管平台基本建成；体现生态文明要求的体制机制得到健全；推动60～100个生态文明建设示范区和一批环境保护模范城创建，生态文明建设示范效应明显。

到2020年，新增完成环境综合整治的建制村13万个；全国规模化畜禽养殖场和养殖小区配套建设固体废物和污水贮存处理设施的比例达到75％以上。

第三节　生态与农村环境保护主要措施

面对我国生态与农村环境的严峻形势，环境保护部以改善环境质量为核心，不断加强生态与农村环境保护统一监管，以生态功能和生物多样性保护、农村环境综合整治为重点，制定了一系列政策措施，大力推进生态文明建设，着力解决影响人民群众生活和关系长远的生态与农村环境问题。

一、划定并严守生态保护红线

（一）加快划定生态保护红线

贯彻落实《关于划定并严守生态保护红线的若干意见》，按照自上而下和自下而上相结合的原则，各省（区、市）在科学评估的基础上划定生态保护红线，并落地到水流、森林、山岭、草原、湿地、滩涂、海洋、荒漠、冰川等生态空间。2018年年底前，各省（区、市）全面划定生态保护红线；2020年年底前，各省（区、市）完成勘界定标。在各省（区、市）生态保护红线的基础上，环境保护部会同相关部门汇总形成全国生态保护红线，向国务院报告，并向社会公开发布。

（二）推动完善管控配套政策措施

建立生态保护红线制度。推动将生态保护红线作为建立国土空间规划体系的基础。各地组织开展现状调查，建立生态保护红线台账系统，识别受损生态系统类型和分布。制定实施生态系统保护与修复方案，选择水源涵养和生物多样性保护为主导功能的生态保护红线，开展一批保护与修复示范。定期组织开展生态保护红线评价，及时掌握全国、重点区域、县域生态保护红线生态功能状况及动态变化。推动建立和完善生态保护红线补偿机制。

二、强化国家及区域生态功能保护

（一）加强重点生态功能区保护与管理

重点生态功能区是我国生态空间的集中分布地区，要积极协调相关部门推动重大生态保护与修复工程优先在重点生态功能区布局，不断扩大生态空间。加强重点生态功能区县域生态功能状况评价，推动制定实施重点生态功能区产业准入负面清单，强化生态空间用途管制。推动协调相关部门和地区针对目前人为活动影响较小、生态良好的重点生态功能区，特别是大江大河源头及上游地区，加大自然植被保护力度，科学开展生态退化区恢复与治理，继续实施防沙治沙和水土流失综合治理。以主要的山脉、江河、海岸带等防护林体系为脉络，构建形成大尺度国家生态廊道，提高生态保护区域的连通性。加快推动易灾地区生态系统保护与修复。

（二）加强资源开发生态监管

严格矿产资源开发生态环境监管。以稀土、煤炭等为突破口强化矿产资源开发生态保护执法检查与评估，严格控制破坏生态系统的开发建设活动。对资源开发活动的生态破坏状况开展系统的调查与评估，制定全面的生态恢复规划和实施方案，监督企业对矿山和取土采石场等资源开发区、次生地质灾害区、大型工程项目施工迹地开展生态恢复。加强生态恢复工程实施进度和成效的检查与监督。加强对矿产开发造成生态破坏的评价和监管，防止突发环境事件发生。

强化旅游资源开发活动的生态保护。加大旅游区环境污染和生态破坏情况的检查力度，做好旅游规划中有关环境影响评价的审查、指导、督促工作，重点加强对重点生态功能区和生态敏感区域旅游开发项目的环境监管。推动国家生态旅游示范区建设，完善生态旅游示范区管理办法和配套制度。

三、加强生物多样性保护

（一）加强自然保护区监督管理

制定《全国自然保护区发展规划（2016—2025年）》。开展自然保护区人类活动遥感监测，国家级自然保护区每年遥感监测两次，省级自然保护区每年遥感监测一次，重点区域加大监测频次，定期发布监测报告。开展自然保护区生态环境保护状况评估。强化监督执法，定期组织自然保护区专项执法检查，严肃查处违法违规活动，加强问责监督。优化自然保护区布局，以重要河湖、海洋、草原生态系统及水生生物、小种群物种的保护空缺作为重点，推进新建一批自然保护区，加强生态廊道、保护小区和自然保护区群建设，到 2020 年，自然保护区面积占陆地国土面积的比例维持在 15％左右。提高自然保护区管理水平，强化自然保护区管护能力建设，完善自然保护区范围和功能区界线核准以及勘界立标工作，推进自然保护区开展综合科考和本底调查。2020 年前完成 200 个国家级自然保护区规范化建设。推动自然保护区土地确权和用途管制。推动建立自然保护区公共监督员制度。有步骤对居住在自然保护区核心区与缓冲区的居民实施生态移民。

（二）强化生物多样性保护优先区域监管

实施生物多样性保护重大工程，积极推动《中国生物多样性保护战略与行动计划（2011—2030 年）》和《全国生物物种资源保护与利用规划纲要（2006—2020 年）》的落实。推动各地编制完成和发布省级生物多样性保护战略与行动计划，明确本地区的保护目标、重点任务和优先领域。明确 35 个生物多样性保护优先区域的具体范围和保护重点。组织开展优先区域生物多样性调查和评估，建立生物多样性监测评估和预警体系。开展生物多样性保护、恢复和减贫示范。开展生物多样性国际合作，加强《生物多样性公约》履行能力建设。

（三）加强生物物种资源保护与监管

编制中国生物多样性红色名录，完善生物物种资源出入境管理制度。严格控制珍稀、濒危、特有以及具有重要生态或经济价值的野生生物物种出境。探索建立生物资源采集、运输、交换等环节的监管制度。加强生物物种资源迁地保护的监管。逐步建立生物遗传资源获取和惠益分享制度，加强与遗传资源相关的传统知识调查和整理，逐步实现文献化、数据化。

（四）深化生物安全管理

加强转基因生物、外来入侵物种风险管理。制订《转基因生物环境释放环境风险评价导则》，科学评估转基因生物对生态环境和生物多样性的潜在风险。建立转基因生物环境释放监管机制，组织开展转基因生物环境释放跟踪监测。开展自然环境中外来物种调查和风险评估，建立数据库，构建监测、预警和防治体系。认真落实《进出口环保用微生物菌剂环境安全管理办法》，出台《环保用微生物环境安全评价技术导则》，加大进出口环保用微生物的环境安全监管力度。

四、加强生态监测评估预警能力建设

（一）建立全国生态保护监控平台

完善生态监测体系，建立生态保护综合监控平台，对生态保护红线、自然保护区、重点生态功能区、生物多样性保护优先区域等的开发建设活动实施常态化和业务化监控，实现由被动监管转为主动监管、应急监管转为日常监管、分散监管转为系统监管。加强生态监管信息化建设，充分运用大数据、互联网、遥感、物联网等技术手段，集成建立国家生态保护和生物多样性数据库，并纳入生态环境大数据系统。

（二）定期开展生态状况评估

加强年度重点区域生态环境质量状况评价和五年生态环境状况调查评价，形成全国生态状况定期评估机制。全面开展生态保护红线、重点生态功能区、重点流域及城市生态评估，系统掌握生态系统质量和功能变化状况。研究建立生态系统和生物多样性预警体系，开发预警模型和技术，对生态系统变化、物种灭绝风险、人类干扰等进行预警。推动建立统一的监测预警评估信息发布机制。

五、深化生态文明建设示范区创建

（一）推动生态文明建设示范区和环境保护模范城统筹整合

深入实施生态省战略，以市、县为重点，分类指导，梯次推进，广泛开展生态文明建设示范区创建，提高示范区建设的规范化和制度化水平。修订《国家环境保护模范城市创建与管理工作办法》和《国家环境保护模范城市考核指标》，加强创建计划性和区域平衡性，强化分级管理和过程监管。生态文明建设示范区和环境保护模范城创建要加强统筹整合，并全面对接国家生态文明试验区建设标准，打造成生态文明试验区制度成果的转化载体。

（二）持续提升生态文明示范建设水平

编制生态文明建设示范区和环保模范城创建指南，指导各地生态文明建设实践。加强创建与环保重点工作的协调联动，改革完善创建评估验收机制。强化后续监督与管理，开展成效评估和经验总结，宣传推广现有的可复制、可借鉴的创建模式。充实专家队伍，建立专家委员会。继续办好中国生态文明奖评选表彰，充分发挥典型示范引领作用，广泛凝聚全社会力量。开展生态文明建设理论及实践研究，协助推动建立生态文明建设目标评价考核机制。

六、强化农村环境保护

（一）深入推进新一轮农村环境连片整治

环境保护部、财政部将统筹规划"十三五"期间全国农村环境连片整治工作。以推进新一轮农村环境连片整治为抓手，以"好水"和"差水"周边村庄①为重点整治区域，优先开展南水北调东线中线水源地及其输水沿线、京津冀地区、长江经济带的农村环境综合整治，着力解决农村水源地安全隐患、生活垃圾和污水、畜禽养殖污染等社会关注度高、群众反映强烈的农村突出环境问题，建立健全组织领导、资金投入、体制机制、科技支撑、监督考核等环境治理体系，积极探索农村环境保护新道路，加快建设美丽宜居乡村。

（二）防治畜禽养殖污染

科学划定畜禽养殖禁养区，2017 年年底前，依法关闭或搬迁禁养区内的畜禽养殖场（小区）和养殖专业户，京津冀、长三角、珠三角等区域提前一年完成。现有规模化畜禽养殖场（小区）要根据

---

① "好水"周边村庄，是指南水北调东线中线水源地及其输水沿线，以及其他重点饮用水水源地的村庄；"差水"周边村庄，是指"十三五"期间水质需改善控制单元（环境保护部公告 2016 年 第 44 号）集雨区内的村庄。

污染防治需要，配套建设粪便污水贮存、处理、利用设施。散养密集区要实行畜禽粪便污水分户收集、集中处理利用。自 2016 年起，新建、改建、扩建规模化畜禽养殖场（小区）要实施雨污分流、粪便污水资源化利用。

（三）推进农村环境治理市场化

环境保护部将积极配合有关部门，建立健全政府主导、村民参与、社会支持的投入机制，深入推进农村环境综合整治。推动中央财政加大农村节能减排资金投入力度，对地方给予激励引导。落实环境保护部、农业部、住房城乡建设部制定的《培育发展农业面源污染治理农村污水垃圾处理市场主体方案》，吸引社会资本投入农村环境治理。大力加强环境宣传引导，通过村民"一事一议"等方式，激发村民参与农村环境污染治理设施建设和管理热情。

（四）筛选推广农村环保实用技术

不断提高农村环境连片整治的专业化、规范化水平。各地要通过召开现场会、举办培训班等形式，加大成熟技术模式和成功经验的推广力度，提升农村环境连片整治项目实施水平。推进农村环保技术开发、设备制造、技术服务和设施运营管理体系建设。各地要加强技术指导，对已实施的农村环保技术开展调查、筛选和总结，形成适合当地特点的农村污染治理技术模式。在选取农村环保实用技术时，既要考虑建设成本，还要考虑运行维护成本；既要考虑技术实用性，还要考虑技术统一性，避免技术"多而杂、散而乱"。

（五）建立健全农村环保体制机制

加快推进水污染防治法修订，充实完善农村环境污染防治制度措施，强化法律责任。结合省以下环保机构监测监察执法垂直管理制度改革，进一步强化基层环境监管执法力量，督促各地对具备条件的乡镇及工业聚集区加强基层环境执法体系建设，充实人员力量，保障运行经费。建立完善重心下移、力量下沉、保障下倾的环境执法工作机制，加强城乡环境执法统筹，统一治污要求、统一检查频次、统一裁量标准。督促各地大力推进农村环保工作信息公开，及时发布农村地区环境质量信息、环境综合整治进展情况等，接受群众监督。

第四节　下一步政策重点

一、生态保护下一步重点

"十三五"期间，围绕保障国家生态安全的需要，生态保护政策的工作重点包括：一是建立生态空间保障体系。加快划定生态保护红线，推动建立和完善生态保护红线管控措施，不断加强自然保护区监督管理，将生态保护红线作为山水林田湖综合治理工程的重要内容，强化生态空间用途管制，切实保护生态空间。二是强化生态质量及生物多样性提升体系。继续实施生物多样性保护重大工程，加强生物遗传资源保护与生物安全管理，推进生物多样性国际合作与履约。加强重点生态功能区保护与管理，不断提高重点生态功能区生态系统质量，扩大我国生态产品供给能力。三是建设生态安全监测预警及评估体系。建立"天地一体化"的生态监测体系，推进建立全国生态状况定期评估机制，建立全国生态保护监控平台，不断加强自然保护区、生态保护红线、重点生态功能区的遥感监控。四是完善生态文明示范创建体系，深入实施生态省战略，以市、县为重点，分类指导，统筹推进，建设一批生态文明建设示范区和环保模范城，改革完善创建评估验收机制，强化后续监督与管理，开展成效评估和经验总结。

二、农村环境保护下一步重点

农村环境保护下一步工作重点包括：贯彻落实《中华人民共和国国民经济和社会发展第十三个五年规划纲要》《水污染防治行动计划》等文件要求，继续加大"以奖促治"政策实施力度，持续改善农村环境质量，让更多农民群众受益。一是加快推进农村环境基础设施建设。各地要落实好环保部、财政部联合印发的《全国农村环境综合整治"十三五"规则》，在确保完成《水污染防治行动计划》确定的到 2020 年新增完成 13 万个建制村环境整治任务的基础上，进一步扩大整治范围，让更多村庄垃圾污水得到治理。二是落实地方政府责任，督促地方政府守住农村环境质量底线。环境保护部将进一步细化分解水、大气、土壤三个行动计划有关农村环境保护目标和综合整治任务，纳入与各省政府签订的目标责任书，加强督办，对农村环境质量进行监测与评估考核。考核结果与农村环境治理财政资金分配挂钩，并向社会公开，强化对地方的激励与约束。强化地方党委政府环保督政，将农村环境保护目标完成情况和政策措施落实情况作为重要督察内容。三是完善长效运行机制，落实环境保护部、财政部联合印发的《关于加强"以奖促治"农村环境基础设施运行管理的意见》的要求，进一步明确运行管理的责任主体和资金渠道，建立健全规章制度，强化监督管理，不断提高设施运行管理水平。

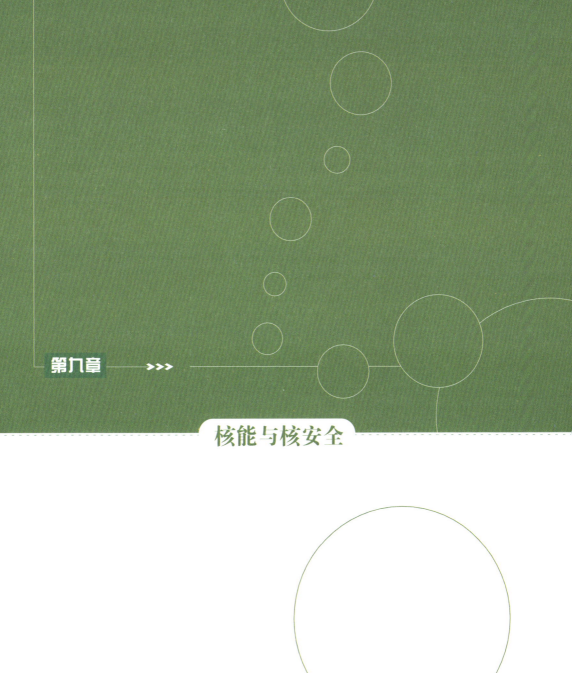

第九章 >>>

核能与核安全

核能及其和平利用是 20 世纪人类最为重要的发现和发明之一，它在给人类带来福祉的同时也伴随着风险。科学认识核能及核与辐射安全（以下简称"核安全"）并有效开展核安全监管对于核能事业安全健康可持续发展具有重要意义。

第一节　核能及其和平利用

一、核能

核能包括核聚变、核裂变和核衰变产生的能量，其大小与该过程中的质量损失直接相关，即适用于爱因斯坦的质能方程 $E = \Delta mc^2$。相对而言，核衰变放出的能量最少，核裂变放出的能量较多，而核聚变放出的能量最多。截至目前，所有核电厂均是利用核裂变来产生能量。有观点认为，如果人类实现了核聚变能的可控应用，那么人类的能源问题就可以基本解决。

知识链接——核能分类

核聚变指几个较轻原子核聚合成一个较重原子核的过程，例如太阳、氢弹、核聚变堆等。

> 核裂变是指一个重核分裂成两个或几个质量相差不大的较轻原子核的过程，如原子弹以及当前所有的核电厂。
>
> 核衰变是指原子核由于放出某种粒子而转变为新原子核的过程，如核医学、核农学以及其他核技术工业利用。

二、核电厂

（一）核电厂分类

核电厂的分类主要基于其核反应堆类型，具体包括压水堆（PWR）、沸水堆（BWR）、重水堆（PHWR）、气冷堆（GCR）、快堆（FBR）、石墨轻水堆（RBMK）、高温气冷堆（HTGR）等。其中快堆由快中子引起链式裂变反应，其在运行中既消耗裂变材料，又生产新裂变材料，且所产可多于所耗，从而能实现核裂变材料的增殖。因此，快堆在促进铀资源的有效利用和高放废物的嬗变方面具有独特的优势，但是其技术挑战较大，有待进一步完善后才能实现大规模商业化应用。目前，全球核电厂中压水堆和沸水堆占绝大多数，其中又以压水堆为主，我国也明确了压水堆—快堆—聚变堆三步走的技术路线。

（二）核电厂工作原理

核电厂一般分为两部分：利用核裂变生产蒸汽的核岛（包括反应堆和一回路系统）和利用蒸汽发电的常规岛（包括汽轮发电机系统）。其常规岛和其他火电厂相似。

压水堆核电厂的工作原理是：利用核燃料在反应堆内反应并释

放大量热能，再用一回路高压循环冷却水把热能带出并传至二回路生成蒸汽，然后利用蒸汽推动发电机旋转发电，而沸水堆则直接在反应堆内产生蒸汽。

（三）核电厂安全管理

核电厂营运单位是核安全责任的全面承担者。鉴于核安全的极端重要性，国际核电界和营运单位都非常重视核安全管理，并以持续改进为目标，形成了系统的管理方法和详细的工作程序。便捷有效的经验反馈、注重程序的质量保证体系、追求卓越的核安全文化是核安全管理的重要特征。

核电厂设计坚持纵深防御的理念，其安全系统采用独立性、多样性、冗余性的设计原则，保证核电厂安全系统具有高度可靠性，以实现对工作人员、公众和环境的有效保护。

具体而言，核电厂必须具备三项基本安全保障功能：一是反应性控制，二是余热导出，三是放射性包容。这些也是其区别于其他火电厂的主要特征。反应堆运行或停堆后必须保持对链式裂变反应的有效控制，避免失控；可控链式裂变反应停止后，反应堆还有大量的余热，包括堆芯核素衰变产生的热量以及结构、冷却剂中的显热，这些热量必须及时有效地导出，因此必须保证电源和热阱的可靠性。此外，核电厂具有大量的放射性物质，必须保证其得到有效包容，避免对人员造成过度辐射照射或对环境造成污染。

（四）核电厂的优势和劣势

核电厂自其诞生之日起就处于争议之中。人类对其既爱又怕，源于其显著的优势和劣势。核电厂的优势主要体现在以下几个方面。

1. 低碳环保

核电厂运行过程中不向环境排放污染物质（如氮氧化物、硫氧化物），不排放产生温室效应的二氧化碳。其正常运行时周围居民受到的辐射剂量也低于燃煤电厂[①]（见图9-1）。

图9-1　现有商业发电技术全产业链温室气体排放量（按中值排序）[②]
（单位：克二氧化碳当量/千瓦时）

---

① 根据《核与辐射事故（事件）中的社会相应问题》（潘自强等编著，2011），煤电产业链在非辐射危害、公众集体辐射剂量和工作人员辐射剂量方面分别约是核电产业链的18倍、50倍和10倍。

② 数据来源于政府间气候变化专门委员会第五次评估报告（IPCC AR5）。

2. 经济

国家核定的核电上网电价为 0.43 元，而部分内陆地区上网标杆电价高于 0.5 元，核电具有很强的经济竞争力，甚至强于燃煤电厂。如果考虑到潜在碳税（费）的可能性，核电的经济性会更加乐观。

3. 运行成本低

相对于其他发电形式，核电燃料费用比例较低，燃料绝对成本低；燃料运输量小，储存便利，不易受到国际形势的直接影响；可利用小时数高，可以长期稳定运行；因此核电运行成本相对较低且更加稳定。

4. 安全性高

核电厂是设计最为复杂的工业系统之一，具有高度的安全性和可靠性。各国均对核电厂实行严格、独立的安全监管。尽管历史上曾经发生过严重的核事故，但相对于其他工业实践（包括其他发电形式），核电厂仍是世界上最安全的工业设施之一。

核电厂发展面临的主要问题（或劣势）体现在对于核安全的理解差异、公众接受度、辐射防护和放射性废物处理处置、固定投资高、调峰能力相对较弱等方面。

综上，主流观点认为，核电清洁安全，是少有的具有良好发展前景、可以大规模利用的低碳电力形式。发展核电有利于保障能源安全、优化能源结构、保护生态环境、应对气候变化、优化产业结构、促进可持续发展。因此，核电预计将在我国电力结构中发挥越来越重要的作用。

三、国际核电发展现状

自 1938 年德国科学家哈恩和斯特拉斯曼在柏林成功完成第一个核裂变实验，1954 年苏联建成第一个并网发电的核电厂，核能在国际范围内（尤其是发达国家）得以迅速发展。根据国际原子能机构（IAEA）和国际核协会（WNA）的统计数据，2015 年，全球共有运行核电机组 441 台（其中中国大陆 31 台），装机容量为 382 855 兆瓦，分别在 31 个国家和地区；在建核电机组 67 台（其中中国大陆 24 台），装机容量为 66 428 兆瓦，分别在 16 个国家和地区；核电总发电量为 2 441.3 太千瓦时（TWh），约占全球发电量的 10.6%。2015 年核能发电量最大的十个国家如图 9-2 所示，各核能国家的核电占其电力生产的比例如图 9-3 所示。①

图 9-2　十大核能发电国（2015 年）

（单位：10 亿千瓦小时 [billion kWh]）

根据美国能源信息署（EIA）2016 年 5 月发布的《国际能源观察》（IEO 2016），核能在全球能源消费中的比重因 2011 年福岛核事故短暂下降，2012 年为 4%，此后持续上升，预计 2040 年将达

---

① 上述表格数据来源于国际原子能机构核动力堆信息系统（PRIS）。

到 6%。

图 9-3　核电在其国内发电总量中所占比例（2015 年），（单位：%）①

　　2015 年我国核电总发电量处于第四位，但核电比例（3%）则远远低于国际平均水平，更低于主要工业化国家水平。

第二节　中国核电发展历程及核电发展政策

　　我国核电发展伊始就确定了"安全第一、质量第一"的指导方针，并始终贯彻于核电发展全过程。习近平总书记、李克强总理多

---

　　①　此外，中国台湾地区的核电占其总发电量的 16.3%。

次强调要在确保安全的前提下开展核电项目建设，并要求对内陆核电建设进行研究论证。出访期间，他们还亲自参与中国核电技术的推介，力推我国核电"走出去"战略。

一、中国核电发展历史

截至 2016 年 9 月，中国核电厂分布在 13 个厂址，其中运行机组 32 台，在建机组 24 台。机组总数 56 台，居全球第四。

我国核电发展可以大体分为三个十年，三个阶段（见图 9 - 4）。第一个十年为起步阶段（1985—1994 年），自主设计建设秦山核电厂，引进法国技术建设大亚湾核电厂，总装机 210 万千瓦，实现了中国大陆核电"零的突破"。第二个十年为小批量建设阶段（1995—2004 年），先后建设了 4 种机型 8 台机组，核电装机容量达到 910 万千瓦。第三个十年为规模化发展阶段（2005 年至今）[①]，核电得以规模化、批量化发展。随着 AP1000、EPR 等新设计核电机组逐步进入调试和运行，自主化设计的"华龙一号"等示范项目相继开工建设，我国核电发展速度将更加稳定。

我国核电厂一直保持着良好的运行业绩，未对环境产生不利影响。根据世界核运营者协会（WANO）运行指标，我国核电厂运行业绩普遍处于国际中值以上，部分指标达到先进值。

---

① 福岛核事故后，国务院常务会议决定暂停新建核电项目审批。2012 年年末，我国核电得以重启并逐步恢复。

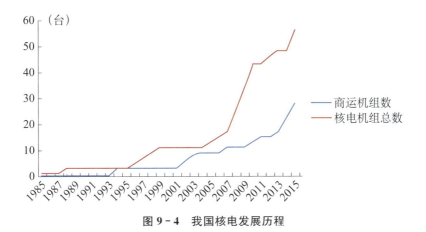

图 9 - 4 我国核电发展历程

二、中国核电发展规划

根据核电中长期发展规划,2020 年我国将建成运行核电机组
5 800 万千瓦,在建核电机组 3 000 万千瓦,机组总数 80 多台,将成
为仅次于美国的全球第二大核电国家。2015 年,火电占全国发电量
的 73.1%,煤电约为 67.2%。根据环境保护和应对气候变化的需
要,核能和可再生能源等清洁能源将是主要替代能源。目前有关部
门正在研究 2030 年及 2050 年中国核电发展目标。有观点认为,
2030 年中国运行核电机组应达到 1.5 亿千瓦左右,同时在建核电机
组 5 000 万千瓦左右。

三、中国核安全目标

福岛核事故后,我国制定发布了《核安全与放射性污染防治"十二
五"规划及 2020 年远景目标》,提出了未来一段时间我国核安全目标。

"十二五"主要目标：运行核电机组安全性能指标保持在良好状态，避免发生二级事件，确保不发生三级及以上事件和事故；新建核电机组具备较完善的严重事故预防和缓解措施，每堆年发生严重堆芯损坏事件的概率低于十万分之一，每堆年发生大量放射性物质释放事件的概率低于百万分之一；消除研究堆、核燃料循环设施重大安全隐患，确保运行安全；放射性同位素和射线装置100％落实许可证管理，放射源辐射事故年发生率低于每万枚 2.0 起，有效控制重特大辐射事故的发生；基本消除历史遗留中低放废物的安全风险；基本完成铀矿冶环境综合治理。

2020 年远景目标：运行和在建核设施安全水平持续提高，"十三五"及以后新建核电机组力争实现从设计上实际消除大量放射性物质释放的可能性。全面开展放射性污染治理，早期核设施退役取得明显成效，基本消除历史遗留放射性废物的安全风险，完成高放废物处理处置顶层设计并建成地下实验室。全面建成国家核与辐射安全监管技术研发基地和全国辐射环境监测体系。形成功能齐全、反应灵敏、运转高效的核与辐射事故应急响应体系。到 2020 年，核电安全保持国际先进水平，核安全与放射性污染防治水平全面提升，辐射环境质量保持良好。

第三节　核能发展的主要问题

一、全球核能发展的普遍问题

（一）安全风险

安全对于核电的重要意义不言而喻，怎么强调都不过分。美国核管会确定的定性安全目标和定量安全目标以及概率风险指导值得到了国际核能界的广泛认可并予以应用推广。但是"什么程度的安全才足够安全"这个疑问对决策者、公众以及核电界始终是个现实挑战。事实上，对于任何一种人类活动，绝对安全是无法实现的，安全只是可接受的风险。传统认为，风险是事故后果和事故概率的乘积，但该观点未必能得到全面的认同，社会和公众往往很难接受发生概率极低但后果极其严重的事故。

（二）放射性废物处置

放射性废物（尤其是高放废物）处理一直是核能发展中令人诟病的问题。有些放射性废物放射性强、半衰期长，有些甚至长达数万年，处理难度大。高放废物要达到无害化需要数千年、上万年甚至更长的时间。尽管国际核工业界普遍认为高放废物深地质处置是一种可行和可靠的技术方案，不存在不可接受的现实风险，但其尚缺少足够的实践经验，在技术上和工程上还需要进一步深入研究和细化。

（三）社会接受度

核能因其技术特征一直面临公众接受度的挑战。由于电离辐射的难以感知性和核能技术的复杂性、神秘性和敏感性，公众对核能和核安全存在认知困难乃至误解。切尔诺贝利核事故和福岛核事故的严重后果加剧了公众对核能的负面印象。一些缺乏科学基础、甚至不负责任的媒体报道或网络文章对公众"恐核"心态也起到了推波助澜的作用。因此，提高社会对核能的接受度，除了通过技术和管理措施切实保障核设施（包括核电厂）和核活动安全之外，还要促进核能政策更加系统平衡完善，更要进一步有效地开展针对性强的公众沟通工作，有关政府部门和企业要从公众宣传、公众参与、信息公开和舆情应对等方面创新工作方法，保障公众的知情权、参与权和监督权。可以预计，公众接受度将是伴随核电发展的长期考验。

（四）财务风险

核电厂固定投资高，建设周期长，异常事件处理程序严格，处理周期可能较长。此外，其经济竞争力受公共政策影响大，一些国家的核电项目受政治、社会或技术条件影响导致工程延期、暂停甚至取消。因此，其财务风险具有一定的不确定性。

二、中国核能发展的特殊问题

（一）内陆核电的发展

从统计数据来看，全球超过一半核电机组位于内陆（见图 9-5）。考虑到经济、社会、环境等因素，中国也有必要在内陆地区建设核电厂。但是中国部分学者和人员以中国水资源短缺、人口密度高、核事故后果严重、能源需求等为由反对中国内陆核电建设，而国际上其他国家并未产生内陆核电和沿海核电的争论，因为这些问题可以通过适当的厂址选择和工程措施予以妥善应对。因此，中国内陆核电何时启动很大程度上取决于决策层的决心和社会的理解、认可和支持。

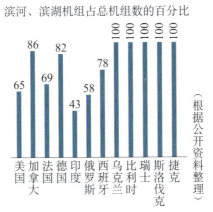

滨河、滨湖机组占总机组数的百分比

（根据公开资料整理）

图9-5 主要国家核电选址情况

（二）产业链协调发展

核电的可持续发展有赖于核燃料循环前端铀燃料的可靠供应，以及后端乏燃料和放射性废物的妥善处理处置。目前地方政府对于核电项目建设态度积极，但对环境风险极低的中低水平放射性废物处置场的建设非常消极。因此在核电规划的同时，有必要对放射性废物处置设施进行统筹规划，并落实到相关省市，鼓励核电企业或相关企业投资建设。

第四节　中国核安全监管体系

环境保护部（国家核安全局）作为国家核安全监管机构，独立对核设施（包括核电厂）、核活动（如放射性物品运输）、核技术利用等实施全过程核安全监管，并履行环境监管职责。经过三十多年的发展，我国已形成了一套较为成熟的核安全监管体系，并确立了"独立、公开、法治、理性、有效"的监管理念。

一、我国核安全监管实践

（一）监管机构

1984年，中国在核电起步之初就成立了国家核安全局，独立统一地对全国民用核设施（包括核电厂、研究堆、核燃料循环设施等）开展核安全监管。目前，环境保护部对外保留国家核安全局的牌子，环境保护部副部长兼任国家核安全局局长。除行政机关外，核安全监管机构还包括地区监督站和技术支持单位。

知识链接——涉及核电管理的主要中央政府部门

> 涉及核电管理的主要中央政府部门还有国家发展改革委员会（国家能源局）、工业与信息化部（国防科工局）。其中，国家能源局作为国家能源主管部门，主要负责核电行业管理，组织编制和实施核电发展规划。国防科工局作为国家核工业行业主管部门负责核材料许可证的审批，以国家核事故应急协调委员会办公室的名义统筹协调核电厂核事故应急准备和响应工作，以国家原子能机构的名义对外开展核能和核技术领域的国际合作和交流。

（二）核安全法规体系

我国核安全法规体系主要包括法律、行政法规、部门规章、安全导则和技术文件等五个层级。专门法律为《放射性污染防治法》。《原子能法》和《核安全法》正处于制定过程中。行政法规主要包括《民用核设施安全监督管理条例》《核材料管制条例》《核电厂核事故应急管理条例》《放射性同位素和射线装置安全和防护条例》《民用核安全设备监督管理条例》《放射性物品运输安全监管条例》《放射性废物安全管理条例》等。此外，还有 27 个部门规章以及近 100 个导则。

此外，我国还是《核安全公约》《乏燃料管理安全和放射性废物管理安全联合公约》等核领域国际公约的缔约方，积极参加国际活动，汲取国际经验，履行国际义务。

（三）核安全许可证制度和分阶段环境影响评价

核安全许可证制度是核安全监管的基本制度，也是国际通行实践。我国核安全许可证包括针对核设施安全许可证、人员资格许可证、核安全设备活动单位资格许可证、放射性物品运输容器许可证以及辐射安全许可证等。此外，国家核安全局还按照核安全法规和许可证条件对核设施重要安全修改、核电厂换料大修（或事故停堆）后反应堆首次临界活动进行审批。不同于一般建设项目，核设施实施分阶段环境影响评价，具体包括选址、建造、运行（首次装料）和退役等阶段，每个阶段均需要开展环境影响评价。辐射安全许可证（主要针对放射源和射线装置）实行"两级审批、四级管理"，即环境保护部和省级环境保护部门按分工对辐射安全活动进行审批，县级以上环境保护部门对辖区内辐射安全活动进行监督检查。

（四）辐射环境监测

辐射环境监测主要包括全国辐射环境质量监测、重点核设施监督性监测和辐射环境应急监测。我国目前已经形成了国家、省级和部分地市组成的三级辐射环境监测体系并通过官方网站和监测年报等及时公开发布监测数据。

（五）核事故应急和辐射事故应急

1. 核事故应急

国家核应急工作具体包括国家、省级和核设施营运单位三个层级的应急组织。核设施核事故应急状态分为应急待命、厂房应急、场区应急、场外应急（总体应急）四种。核设施营运单位是核事故场内应急工作的主体，编制场内应急计划，报国家核安全局批准；省级人民政府是本行政区域核事故场外应急工作的主体，编制场外应急计划，报国家核事故应急协调委批准；国家根据核应急工作需要给予必要的协调和支持，国家核事故应急协调委编制国家核事故应急预案，报国务院批准发布。

2. 辐射事故应急

辐射事故应急主要指除核设施事故以外，当发生放射性物质丢失、被盗、失控，或者放射性物质使人员受到异常照射或使环境受到放射性污染时，采取的应急响应行动。辐射事故分为特别重大辐射事故、重大辐射事故、较大辐射事故和一般辐射事故四个等级。

辐射事故应急响应遵循属地为主的原则，特别重大辐射事故的应急响应由环境保护部组织实施。重大辐射事故、较大辐射事故和一般辐射事故的应急响应由省级环境保护部门全面负责。辐射事故发生时，省、市、县级环境保护行政主管部门与公安部门成立相关应急组织。必要时，由省人民政府组织领导本行政区域内应急工作。辐射事故责任单位按自身特点建立相应辐射事故应急指挥和执行部门。一般情况下辐射事故影响范围有限，但是社会敏感度高，因此各级政府部门须对此高度重视、积极响应、妥善处理。

二、地方政府在核安全管理和核能发展中的职责和作用

（一）核安全管理

我国核电厂项目审批和安全监管均为中央政府职责。地方政府在核电安全管理中的职责主要体现在以下几个方面。

1. 核应急

根据国家核事故应急预案，我国实行中央政府、省级人民政府和核电厂营运单位三级核应急体系。国家核应急协调委员会负责组织协调全国核事故应急准备和应急处置工作。其主任委员由工业和信息化部部长担任。省级人民政府根据有关规定和工作成立省级核应急委员会，由有关职能部门、相关市县、核设施营运单位的负责人组成，负责本行政区域核事故应急准备与应急处置工作，统一指挥本行政区域核事故场外应急响应行动。

2. 环境监测

根据放射性污染防治法，除核电厂环境监测系统外，环境保护部还通过省级环境保护部门在核电厂周围建立了辐射环境监督性监测系统，独立对核电厂周围环境开展监测，并及时公开监测信息。

3. 规划限制区的管理

根据放射性污染防治法和相关国家标准，核电厂周围需要设立半径不小于 5 公里的规划限制区，主要是考虑核事故应急和核电厂安全两方面因素。目前国家尚未出台规划限制区的具体管理办法，但是核电省份大多已就该情形进行地方立法，规划限制区的具体管理往往也由所在地人民政府承担。核电厂规划过程中需保证地方发展规划和核电发展计划相兼容，避免产生规划冲突。

（二）核能发展

核电除了提供清洁的能源外，对所在地区经济发展也具有积极意义，例如在税收、就业、服务业和其他相关产业等方面均有促进和提升作用。其他核燃料循环建设项目也能发挥类似的作用。

但是由于邻避效应，我国已经发生了多起因为部分民众反对而造成涉核建设项目在其酝酿之初便致重大挫折的情况，例如 2013 年广东鹤山核燃料项目和 2016 年连云港乏燃料后处理项目以及更早时期山东乳山核电项目等。这也说明，核能的健康可持续发展，离不开公共政策的稳定支持、从业单位的有效工作，也离不开地方政府和公众（尤其是附近居民）的理解和支持。因此，地方政府的作用不可忽视。对于有意向参与核能发展的地方政府而言，可以考虑在以下方面开展工作。

1. 前期准备

指导和服务核能开发单位，协调和协助其做好项目前期准备工作，包括厂址选择和项目申请等。做好相关政策准备，采取有效措施，有效预防和应对可能出现的"邻避效应"。

2. 公众沟通

切实做好公众沟通工作，包括科普宣传、信息公开、公众参与、舆情应对等，在积极响应公众合理利益诉求的同时，保证公众的知情权、参与权和监督权，避免异常群体事件的发生，为核事业的健康发展提供良好的社会环境。

3. 政策协调

加强与其他地方政府（包括上级政府和相邻行政区划政府）和职能部门（规划、能源、环保、国土等）的联系，促进有效沟通和协调。

一般来说核电项目前期准备工作需要三年以上、建造需要五年以上、运行则在四十年以上。因此地方政府在核电发展上的态度要明确坚定，措施要持之以恒，从而有助于实现公众、企业和政府等多元主体的利益共赢。

第十章 >>>

环境国际公约履约

在过去几十年和几百年间，由于人类对资源开发强度的增加以及向环境排放污染物的增多，全球的气候与生态环境发生了重大变化：全球变暖，水资源短缺，生态系统退化，土地侵蚀加剧，生物多样性破坏，臭氧层耗损，大气化学性质改变，渔业产量下降等。这些变化不仅对人类自身健康和安全构成直接和潜在威胁，对经济社会的长期稳定和发展提出严峻挑战，而且还从根本上损害人类赖以生存的自然生态系统，动摇人类生存和发展的生态基础。全球环境问题已经引起世界各国政府以及公众的广泛关注。缔结和实施环境国际公约已经成为国际社会应对全球环境问题最重要的手段和途径。

第一节　我国参与环境国际公约基本情况

我国本着对国际环境与资源保护事务积极负责的态度，参加或者缔结了多个环境与资源保护国际公约和条约，并把这些文件的精神引到国家的法律和政策之中。我国提出的全球环境问题的原则立场逐渐为世界各国所认同，这些原则立场概括起来就是：正确处理好环境保护与发展的关系，经济发展必须与环境保护相协调；"共同但有区别"责任原则，明确国际环境问题的主要责任，保护环境是全人类共同的任务，但是发达国家负有更大的责任；维护国家主权，加强环境领域的国际合作，要以尊重国家主权为基础；发达国家不应把环境保护作为提供发展援助的附加条件，不应借口环保设置新的贸易壁垒；保护环境和发展经济离不开世界的和平与稳定；处理环境问题应当兼顾各国的现实利益和长远利益等。我国目前已签约或签署加入的与环境有关的国际公约、议定书等有50多项，涉及环境、林业、资源、海洋、农业等领域，相关工作分别由我国有关部门牵头（见表10－1）。

表 10－1　我国加入的主要环境国际公约一览

序号	领　　域	环境国际公约名称（括号内为缔结时间）
1	危险废物的控制	《控制危险废物越境转移及其处置的巴塞尔公约》（1989年3月22日）及其修正案（1995年9月22日） 《危险废物越境转移及其处置所造成损害的责任和赔偿问题议定书》（1995年9月22日）
2	危险化学品国际贸易的事先知情同意程序	《关于化学品国际贸易资料交换的伦敦准则》（1987年6月17日） 《关于在国际贸易中对某些危险化学品和农药采用事先知情同意程序的鹿特丹公约》（1998年9月11日）
3	化学品的安全使用和环境管理	《作业场所安全使用化学品公约》（1990年6月25日） 《化学制品在工作中的使用安全公约》（1990年6月25日） 《化学制品在工作中的使用安全建议书》（1990年6月25日） 《关于持久性有机污染物的斯德哥尔摩公约》（2001年5月22日） 《关于汞的水俣公约》（2013年1月19日）
4	臭氧层保护	《关于保护臭氧层的维也纳公约》（1985年3月22日） 《关于消耗臭氧层物质的蒙特利尔议定书》（1987年9月16日）及其5次修正案 （1）1990年《伦敦修正案》 （2）1992年《哥本哈根修正案》 （3）1997年《蒙特利尔修正案》 （4）1999年《北京修正案》 （5）2016年《基加利修正案》

续表

序号	领 域	环境国际公约名称（括号内为缔结时间）
5	气候变化	《联合国气候变化框架公约》（1992 年 6 月 11 日） 《联合国气候变化框架公约》京都议定书（1997 年 12 月 10 日） 《联合国气候变化框架公约》巴黎协定（2015 年 12 月 12 日）
6	生物多样性保护	《生物多样性公约》（1992 年 6 月 5 日） 《生物多样性公约卡塔赫纳生物安全议定书》（2000 年 1 月 29 日） 《生物多样性公约关于获取遗传资源和公正和公平分享其利用所产生惠益的名古屋议定书》（2010 年 10 月 29 日） 《国际植物新品种保护公约》（1978 年 10 月 23 日） 《国际遗传工程和生物技术中心章程》（1983 年 9 月 13 日）
7	湿地保护、荒漠化防治	《关于特别是作为水禽栖息地的国际重要湿地公约》（1971 年 2 月 2 日） 《联合国防治荒漠化公约》（1994 年 6 月 7 日）
8	物种国际贸易	《濒危野生动植物物种国际贸易公约》（1973 年 3 月 3 日） 《濒危野生动植物物种国际贸易公约》第二十一条的修正案（1983 年 4 月 30 日） 《1983 年国际热带木材协定》（1983 年 11 月 18 日） 《1994 年国际热带木材协定》（1994 年 1 月 26 日）
9	海洋环境保护	《联合国海洋法公约》（1982 年 12 月 10 日） 《国际油污损害民事责任公约》（1969 年 11 月 29 日） 《国际油污损害民事责任公约的议定书》（1976 年 11 月 19 日） 《国际干预公海油污事故公约》（1969 年 11 月 29 日） 《干预公海非油类物质污染议定书》（1973 年 11 月 2 日） 《国际油污防备、反应和合作公约》（1990 年 11 月 30 日） 《防止倾倒废物及其他物质污染海洋公约》（伦敦倾废公约）（1972 年 12 月 29 日） 《防止倾倒废物及其他物质污染海洋公约》的 1996 年议定书（1996 年 11 月 7 日） 《关于逐步停止工业废弃物的海上处置问题的决议》（1993 年 11 月 12 日） 《关于海上焚烧问题的决议》（1993 年 11 月 12 日） 《关于海上处置放射性废物的决议》（1993 年 11 月 12 日） 《国际防止船舶造成污染公约》（1973 年 11 月 2 日） 《关于 1973 年国际防止船舶造成污染公约的 1978 年议定书》（1978 年 2 月 17 日）

续表

序号	领　域	环境国际公约名称（括号内为缔结时间）
10	海洋渔业资源保护	《国际捕鲸管制公约》（1946 年 12 月 2 日） 《养护大西洋金枪鱼国际公约》（1966 年 5 月 14 日） 《中白令海狭鳕养护与管理公约》（1994 年 2 月 11 日） 《跨界鱼类种群和高度洄游鱼类种群的养护与管理协定》（1995 年 12 月 4 日） 《亚洲—太平洋水产养殖中心网协议》（1988 年 1 月 8 日）
11	核与辐射安全	《及早通报核事故公约》（1986 年 9 月 26 日） 《核事故或辐射紧急援助公约》（1986 年 9 月 26 日） 《核安全公约》（1994 年 6 月 17 日） 《核材料实物保护公约》（1980 年 3 月 3 日） 《乏燃料管理安全和放射性废物管理安全联合公约》（1997 年 9 月 5 日）
12	南极保护	《南极条约》（1959 年 12 月 1 日） 《关于环境保护的南极条约议定书》（1991 年 6 月 23 日） 《南极海洋生物资源养护公约》（1980 年 5 月 20 日）
13	自然和文化遗产保护	《保护世界文化和自然遗产公约》（1972 年 11 月 23 日） 《关于禁止和防止非法进出口文化财产和非法转让其所有权的方法的公约》（1970 年 11 月 17 日）
14	环境权的国际法规定	《经济、社会和文化权利国际公约》（1966 年 12 月 9 日） 《公民权利和政治权利国际公约》（1966 年 12 月 9 日）
15	其他国际条约中关于环境保护的规定	《关于各国探索和利用包括月球和其他天体在内外层空间活动的原则条约》（1967 年 1 月 27 日） 《外空物体所造成损害之国际责任公约》（1972 年 3 月 29 日）

　　我国高度重视环境国际公约履约工作，经过长期不懈努力，切实履行了承担的国际环境责任和义务，维护了我们负责任大国的形象，引进了管理理念、技术和资金，且在一定程度上促进了经济结构调整和产业升级，在解决全球环境问题的同时，推动了国内环境保护与全球环境保护的有机结合。

第二节　蒙特利尔议定书履约

一、公约履约进展

　　为保护臭氧层，联合国于 1985 年形成了《关于保护臭氧层的维也纳公约》，于 1987 年形成了《关于消耗臭氧层物质的蒙特利尔议定书》，先后将六大类 96 种消耗臭氧层物质（ODS）列入受控物质清单，并制定了明确的淘汰时间表，逐步削减并最终淘汰受控物质的生产、使用和进出口。2016 年 10 月，《蒙特利尔议定书》第 28 次缔约方会议通过限控温室气体氢氟碳化物（HFCs）的《基加利修正案》，明确了发达国家和发展中国家对 HFCs 的限控义务，同时发达国家将为发展中国家履约提供必要的资金支持和技术援助。

知识链接——"消耗臭氧层物质"及臭氧层损耗

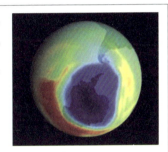

"消耗臭氧层物质"（Ozone Depleting Substances，ODS）——工业排放的氯氟烃、哈龙等物质上升到平流层时，受到紫外线短波辐射，与臭氧进行连锁反应，使臭氧浓度减少，从而造成臭氧层的严重破坏。

臭氧层损耗对人类健康的影响包括：

（1）增加皮肤癌患者；

（2）增加白内障患者；

（3）削弱免疫力等。

臭氧层损耗对生态的影响包括：

（1）农产品减产品质下降；

（2）减少渔业产量；

（3）破坏森林等。

作为全球最大的消耗臭氧层物质生产国和消费国，我国于 1989 年和 1991 年分别加入了《维也纳公约》和《蒙特利尔议定书》，承诺按照议定书的要求淘汰消耗臭氧层物质（ODS）。1991 年，成立了由原国家环境保护总局任组长单位、18 个部委组成的国家保护臭氧层领导小组，还成立了国家消耗臭氧层物质进出口管理办公室（见图 10-1）。

图 10 - 1　国家保护臭氧层履约机构

　　我国政府高度重视保护臭氧层履约工作，不断完善履约法律法规，加强监督管理，积极推动各行业 ODS 替代，实现了《蒙特利尔议定书》规定的各阶段履约目标，已经累计淘汰消耗臭氧层物质 25 万多吨，占发展中国家的一半左右。"十二五"期间，我国共淘汰 5.9 万吨含氢氯氟烃的生产量和 4.5 万吨的消费量，分别占基线水平（2009—2010 年平均值）的 16％和 18％；削减含氢氯氟烃产能 8.8 万吨，占应削减总产能的 16％，超额完成了第一阶段含氢氯氟烃淘汰 10％履约目标。履约过程中，我国政府始终坚持生产削减、消费淘汰、政策法规建设和替代品发展"四同步"的指导思想，将发展替代技术作为履约的根本措施，积极推动环境友好技术的研究应用。在国际社会的大力支持下，我国政府和各行业积极探索绿色低碳的替代路径，开发了一批具有国际先进水平的、节能减排效果显著的替代品和替代技术，在环境友好技术的应用上取得了显著进展。我国第一阶段 HCFCs 淘汰行业计划项目采用低全球温室效应潜能值（GWP）的替代技术占比高达 76%，在淘汰 HCFCs 同时实现了年减排温室气体 8 600 万吨二氧化碳当量。我国在未来 HCFCs 淘汰中将继续在各行业全面推动绿色低碳技术的应用，力争实现最大的气候效益。

二、当前主要履约目标和任务

（一）淘汰含氢氯氟烃

2007 年，公约缔约方大会通过了加速淘汰含氢氯氟烃（HCFCs）的决定。目前，我国已完成在基准水平基础上，2013 年冻结、2015 年削减淘汰 10% 的第一阶段履约目标。按照议定书规定，我国需要在 2020 年 1 月 1 日前，将 HCFCs 生产量和消费量在基准年水平上淘汰 35%，淘汰主要涉及聚氨酯泡沫、聚氯乙烯泡沫、房间空调器、工商制冷、制冷维修、清洗、HCFCs 生产等行业，HCFCs 淘汰是今后一段时期蒙特利尔议定书履约的最重点任务（见图 10 - 2）。

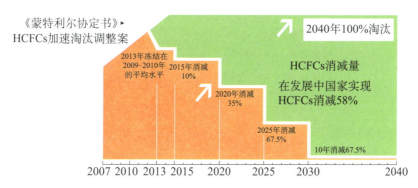

图 10 - 2　公约规定的 HCFCs 淘汰目标

在管理上，我国对 HCFCs 生产和使用实行总量控制和配额管理，对 HCFCs 经销单位实行备案管理。根据《消耗臭氧层物质管理条例》以及《关于含氢氯氟烃生产、销售、使用管理的通知》等相关规定，所有 HCFCs 生产企业必须持有生产配额许可证，并在配额范围内组织生产，生产企业需要调整或交易配额的，需要向环境保护部提出申请，获得批准后可进行调整或交易。在 HCFCs 使用方面，受控用途年使用量在 100 吨以上的使用企业必须持有 HCFCs 使用配额许可证，并在配额范围内组织使用，受控用途年使用量在 100 吨以下的使用企业应在本地省级环境保护部门进行使用备案。对于使用 HCFCs 作为原料用途的企业，应按照实际需求量在环境保护部办理使用备案。对于 HCFCs 及其混合物的销售企业应当办理销售备案，年度 HCFCs 经销量在 1 000 吨（含）以上的 HCFCs 销售企业在环境保护部办理销售备案，年经销量 1 000 吨以下的销售企业应在本地省级环境保护部门办理销售备案（见图 10 - 3）。

类型	年度数量	主办	监督
生产配额		环保部	地方局
使用配额	100吨及以上	环保部	地方局
原料使用备案		环保部	地方局
销售备案	1000吨及以上	环保部	地方局
销售备案	1000吨以下	地方局	环保部
使用备案	100吨以下	地方局	环保部
处罚		地方局	环保部

图 10 - 3　HCFCs 监管职责与分工

（二）加强特殊用途消耗臭氧层物质使用的淘汰和监管

完善特殊用途消耗臭氧层物质生产、使用和进出口审批和监管制度。在医药行业，停止吸入式气雾剂产品使用 CFCs，完成替代生产线转换和新药的注册登记。在检疫行业，完善检疫和装运前用途的甲基溴使用报告和核查制度，加快开展甲基溴减量、回收技术的研究，开展检疫和装运前用途甲基溴替代示范项目。在实验室用途方面，推广和落实四氯化碳实验室和分析用途修订的检测标准，淘汰替代技术成熟的消耗臭氧层物质实验室用途。在化工助剂和化工原料行业，严格控制四氯化碳作为助剂用途使用的排放，加大对消耗臭氧层物质作为化工原料使用的监管，降低消耗臭氧层物质排放水平。完善对消耗臭氧层物质设备维修、回收、再利用和销毁的企业备案制度。

（三）落实消耗臭氧层物质相关管理政策法规，加强监管

目前需对我国已淘汰的 ODS 物质（主要包括全氯氟烃、哈龙、四氯化碳、甲基氯仿、HCFCs 与甲基溴等类物质）进行严格监管。严格 ODS 有关设施建设的环境影响评价审批和环保验收，完善审批程序，确保 ODS 生产和使用设施建设严格按照国家有关法规的要求执行；完善地方履约机制建设和配套政策，全面加强地方环境保护部门的监督执法能力，充分发挥地方环境保护部门的力量，加强对辖区内相关企业的监管，加大监督执法力度，监督相关行业 ODS 生产、使用有关禁令的落实执行情况，将 ODS 监督管理纳入日常环保工作，建立保护臭氧层工作的长效管理机制。加大打击消耗臭氧层物质非法生产、使用和贸易行为的力度，确保国家可持续履约。

（四）强化氢氟碳化物管控

根据 2016 年 10 月《基加利修正案》，进行 HFCs 控制前期准

备，开展 HFCs 管控战略研究，分析研究 HFCs 管控对我国相关行业带来的挑战及经济影响；进一步完善 HFCs 数据报告制度，摸清我国 HFCs 生产、使用和进出口情况。

第三节　斯德哥尔摩公约履约

一、公约履约进展

为保护人类健康和环境免受持久性有机污染物（POPs）的危害，2001 年，国际社会缔结了《关于持久性有机污染物的斯德哥尔摩公约》。我国作为首批签约国，2001 年签署了公约，2004 年公约对我国生效。2005 年，国务院批准成立由原国家环境保护总局牵头、14 个相关部委组成的国家履约工作协调组（见图 10-4）。

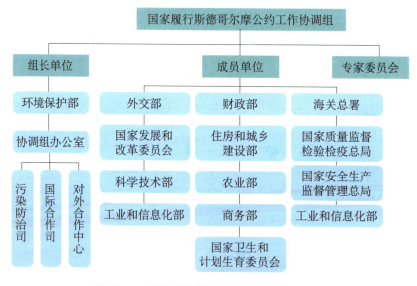

图 10-4　国家斯德哥尔摩公约履约协调机构

知识链接——持久性有机污染物及《斯德哥尔摩公约》

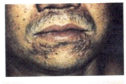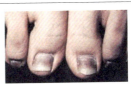

持久性有机污染物（Persistent Organic Pollutants，以下简称"POPs"），是一类具有环境持久性、生物累积性、长距离迁移能力和高生物毒性的特殊污染物。

目前 POPs 污染已遍及全球，严重威胁着人类生命健康和生态环境，成为重大的全球性环境问题之一。

POPs 的危害：（1）免疫紊乱内分泌干扰；（2）遗传和发育毒性；（3）神经行为失常；（4）致癌等。

《斯德哥尔摩公约》（以下简称"《公约》"）的受控 POPs 物质清单是开放性的，可在其中增列经过科学论证的、符合 POPs 特性的新物质。增列程序为缔约方提名、POPs 审查委员会审查、缔约方大会审议通过。新增列 POPs 物质需要经过全国人大常委会审议批准。

滴滴涕、多氯联苯、二噁英等 12 种 POPs 是首批增列入《公约》的管控物质。2009 年《公约》第四次缔约方大会审议通过《2009 年修正案》，新增列了林丹、六溴联苯等 9 种 POPs。2011 年《公约》第五次缔约方大会审议通过《2011 年修正案》，增列了硫丹作为《公约》管控物质。2013 年 8 月 30 日，第十二届全国人大常委会第四次会议审议批准了上述两项修正案。自 2014 年 3 月 26 日起，上述两项修正案对我国生效。目前，《公约》管控且对我国生效的 POPs 物质共有 22 种，分别为艾氏剂、氯丹、滴滴涕、狄氏剂、异狄氏剂、七氯、灭蚁灵、毒杀芬、六氯代苯、多氯联苯、二噁英和呋喃、α-六氯环己烷、β-六氯环己烷、林丹、十氯酮、五氯苯、六溴联苯、四溴二苯醚和五溴二苯醚、六溴二苯醚和七溴二苯醚、全氟辛基磺酸及其盐类和全氟辛基磺酰氟、硫丹。

2013 年 5 月，《公约》第六次缔约方大会审议通过了六溴环十二烷增列加入受控物质清单的议案，并形成了《修正案》。2016 年 7 月 2 日，十二届全国人大常委会第二十一次会议批准了《〈关于持久性有机污染物的斯德哥尔摩公约〉新增列六溴环十二烷修正案》。待批准书交存联合国 90 天后，《修正案》对我国生效。

加入公约以来，我国通过编制发布《国家实施计划》，制定相关政策标准、实施履约合作项目、参与国际履约事务、开展履约能力建设和宣传等一系列卓有成效的活动，有力推动了 POPs 的淘汰、削减和控制工作。滴滴涕等 17 种 POPs 的生产、使用和进出口已实现全面淘汰，废物焚烧、铁矿石烧结、再生有色金属三个行业二噁英排放强度降低超过 15%，清理处置了历史遗留的上百个点位 5 万余吨 POPs 废物，解决了一批严重威胁群众健康的 POPs 环境问题。按照分行业、分领域、分阶段原则，实施了 50 多个履约合作项目，共争取赠款约 2.2 亿美元，带动国内外配套资金超过 6 亿美元。通过项目实施，引进资金和技术，提升管理水平，促进了相关行业履约目标的实现，并解决了一批严重危害群众健康的 POPs 环境问题。

二、当前主要履约目标和任务

（一）抓好已淘汰物质的后续监管

《公约》现在管控的全部 26 种 POPs 中，对我国生效的为 22 种，我国已陆续发布相关禁令，削减与淘汰了一批 POPs（见表 10-2），目前正根据公约最新要求更新《国家实施计划》，今后一段时期要对已淘汰物质加强后续监管。

表 10-2　我国已淘汰的 POPs

时间	受控 POPs	管理措施
20 世纪 70—80 年代	毒杀芬、PCBs、七氯、α 七六氯环己烷和 β 氯六氯环己烷	停止生产
2009.5.17	滴滴涕、氯丹、灭蚁灵及六氯苯（HCB）	禁止或限制生产和使用
2014.3.26	五氯苯、商用五溴二苯醚的生产和使用	禁止生产和使用
2014.3.26	林丹、全氟辛基磺酸及其盐类和全氟辛基磺酰氟（PFOS/PFOSF）、硫丹	限制生产和使用
2014.2.28	滴滴涕	取消用于病媒防治的可接受用途
2014.2.28	六氯苯	取消用于有限场地封闭体系中间体用途
2014.5.17	滴滴涕	取消用于有限场地封闭体系中间体用途

知识链接——POPs 相关标准

　　8 项国家污染控制标准规定了二噁英的排放限值：《城镇污水处理厂污染物排放标准》《钢铁烧结，球团工业大气污染物排放标准》《含多氯联苯废物污染控制标准》《炼钢工业大气污染物排放标准》《水泥窑协同处置固体废物污染控制标准》《危险废物焚烧污染控制标准》《纸浆造纸工业污水排放标准》《生活垃圾焚烧污染控制标准》。

　　7 项国家标准规定 POPs 在食品、饮用水、农产品和环境中的含量限值：《地表水环境质量标准》《海水水质标准》《海洋沉积物质量》《生活饮用水卫生标准》《食品中农药的最大残留限量》《食品中污染物限量》《土壤环境质量标准》。

（二）继续推动 POPs 削减、控制和处置

　　开展重点行业二噁英类排放控制及削减技术示范和推广。完成废物处置（医疗废物、危险废物、生活垃圾、电子废物）和制浆造纸行业减排最佳可行技术/最佳环境实践（BAT/BEP）示范工程，启动技术推广应用；启动烧结和电弧炉炼钢、再生有色金属（铜、铝、铅、

锌)、含氯化工生产等重点行业和领域二噁英类减排技术示范和应用。

开展 POPs 废物管理及处置示范。选择建设符合公约要求的处置设施，对新增 POPs 废物、已识别高风险含多氯联苯废物、飞灰等二噁英类废物开展环境无害化处置示范。

开展 POPs 污染场地环境无害化管理及修复示范。对潜在的一百多块典型 POPs 污染场地核查，对典型污染场地开展修复，消除其环境和健康风险。

开展全氟辛基磺酸及其盐类（PFOS）、六溴环十二烷（HBCD）等新增列 POPs 主要应用领域替代品/技术的开发、示范和推广。

（三）加强技术支撑和协调支持能力

评估《全国主要行业持久性有机污染物污染防治"十二五"规划》完成情况，完成 POPs "十二五"规划终期考核，将 POPs 履约要求纳入水、气、土污染防治行动计划，协同推进。开展公约遵约机制、资金机制、新受控物质等履约相关基础性研究。完善并运行国家履行斯德哥尔摩公约工作协调机制，落实年度履约任务。在履约难点及关键领域，鼓励相关领域国家级重点实验室等研究机构，对影响环境履约的核心、关键、通用技术进行集中研发，开发兼具环境效益与经济效益，技术、性能与价格具有优势的自主知识产权替代品和替代技术。

第四节　生物多样性公约履约

一、公约履约进展

《生物多样性公约》订立于 1992 年，旨在实现"保护生物多样性"

"持续利用其组成部分""公平合理地分享由利用遗传资源而产生的惠益"三大目标。目前，《公约》之下通过了三个议定书，即《卡塔赫纳生物安全议定书》（下称《生物安全议定书》）、《卡塔赫纳生物安全议定书关于赔偿责任和补救的名古屋—吉隆坡补充议定书》（以下简称"《名古屋—吉隆坡补充议定书》"）和《生物多样性公约关于获取遗传资源并公平分享其利用所产生的惠益的名古屋议定书》（以下简称"《名古屋议定书》"）。目前《生物安全议定书》和《名古屋议定书》均已生效。《公约》及其生效的议定书对缔约方具有法律约束力。

知识链接——生物多样性

> 生物多样性是指地球上所有生物（动物、植物、微生物等）、它们所包含的基因以及由这些生物与环境相互作用所构成的生态系统的多样化程度。
>
> 生物物种是否丰富，生态系统类型是否齐全，遗传物质野生亲缘种类多少，将直接影响到人类的生存、繁衍、发展。在全球范围内生物多样性正受到威胁，生物多样性保护刻不容缓。

我国是最早签署《生物多样性公约》的国家之一，目前已是《公约》及其《生物安全议定书》的缔约方。2016 年 6 月我国正式交存了《名古屋议定书》加入文书，该议定书于 2016 年 9 月 6 日对我国生效。我国政府于 2016 年 3 月向《公约》秘书处正式递交了承办 2020 年《公约》第十五次缔约方大会（COP15）的意向书。

缔约以来，我国完善法律法规体系和体制机制，颁布了《野生动物法》《野生植物保护条例》《自然保护区条例》等法律法规，成立了"中国生物多样性保护国家委员会"（见图 10-5），于 2010 年发布实施了《中国生物多样性保护战略与行动计划（2011—2030年）》，并推动地方生物多样性保护战略与行动计划（BSAP）的编制和实施工作，统筹全国生物多样性保护工作。积极建设保护体系。建立了以自然保护区为主体，风景名胜区、森林公园、自然保护小区、农业野生植物保护点、湿地公园、地质公园、海洋特别保护区、种质资源保护区为补充的就地保护体系（见图 10-6）。截至 2015 年年底，全国共建立各类自然保护区 2 740 个，面积约占全国陆地国土面积的 14.8%。大力实施天然林资源保护、退耕还林、退牧还草等生态修复工程，约 105 万平方公里的天然林得到有效保护。近十年来，中国森林面积净增长 10 万平方公里，重点生态功能区草原植被盖度提高 11%，修复红树林等退化湿地 2 800 多平方公里，实施水土流失封育保护面积 72 万平方公里。

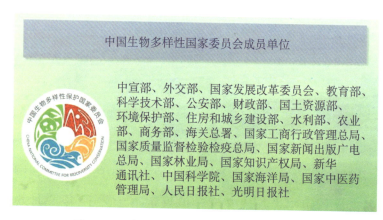

图 10-5　中国生物多样性国家委员会成员单位

二、当前主要履约目标和任务

（一）完善生物多样性法律法规，加大执法监督力度

制定生物多样性保护、生物安全管理和生物遗传资源获取与惠益

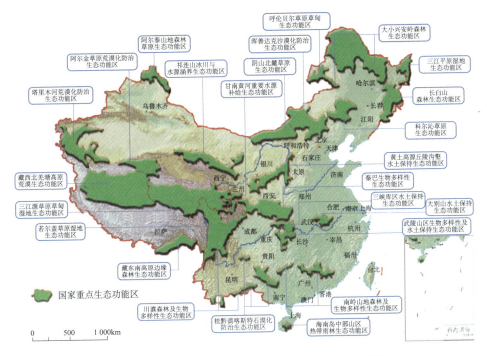

图 10-6　《全国主体功能区规划》中的重点生态功能区

分享等方面的法律法规，修订《自然保护区条例》《野生动物保护法》和《野生植物保护条例》。加强执法能力建设，加大对破坏生物多样性违法活动的打击力度，加大对物种资源出入境的执法检查力度。

(二) 深入推进生物多样性保护战略计划的实施

　　开展爱知生物多样性目标评估，完善相关评估指标和数据集，编制《中国履行〈生物多样性公约〉第六次国家报告》。开展《中国生物多样性保护战略与行动计划（2011—2030 年）》实施进展中期评估，加快实施战略与行动计划。支持地方政府编制和实施省、市一级生物多样性保护战略与行动计划，开展省级战略与行动计划实施成效评估，出台省级战略行动计划实施指导意见。

（三）积极推动生物多样性主流化

继续推动生物多样性保护和可持续利用纳入发改、教育、科技、水利、农业、海关、检验检疫、林业、旅游、海洋、中医药等相关部门规划，提高生态建设和生物多样性保护工作在国家扶贫开发规划和实施工作中的重要性。鼓励企业实施可持续生产和消费，采取措施保护生物多样性。广泛开展生物多样性保护宣传教育活动。

（四）加强履约基础政策研究

开展生物多样性保护资源调动研究、生物多样性预测预警模型和情景分析系统研究、生物多样性相关公约间协同增效研究、促进生物多样性资源的可持续利用研究、海洋和沿海生物多样性议题研究等基础性研究，做好合成生物学、生物多样性与气候变化等热点议题的研究工作。

（五）加强外来入侵物种和转基因生物安全管理

提高对外来入侵物种的早期预警、应急与监测能力，建立和完善转基因生物安全评价、检测和监测技术体系与平台。

第五节 关于汞的水俣公约主要工作任务

一、公约缔约及履约准备

2013 年 10 月 10 日，联合国环境规划署（UNEP）关于制定一项具有全球法律约束力的汞文书外交全权代表大会表决通过了旨在控制和减少全球汞排放的《关于汞的水俣公约》（以下简称"《水俣公约》"），包括中国在内的 92 个国家代表共同签署公约。2016 年 4 月 28 日，全国人大常委会批准我国加入《水俣公约》。根据公约相关规定，公约将在第 50 个国家提交批准书之后第 90 天正式生效。截至目前，共有 128 个国家签署了《水俣公约》，包括我国在内的 35 个国家批准了公约。

知识链接——汞

汞，又称水银，易挥发，难溶于水，在各种金属中熔点最低，是唯一在常温下呈现液态并易流动的金属。

汞对人类影响显著的四个特征：

(1) 持久性

(2) 远距离传输性

(3) 生物蓄积性

(4) 毒性

为做好履约准备，我国在建立机制、政策研究、资金引进、技术平台搭建等方面开展了以下工作。一是组织专门力量为前期谈判及未来履约提供技术支持，并推动建立国内部际间履约协调机制。二是开展了我国及发达国家主要涉汞行业政策法规及管理现状的研究，出台了汞污染控制政策法规和标准，出版了《中国涉汞政策法规标准汇编》《国际汞管理策略编译》，推动汞公约履约相关内容纳入正在编制的重金属综合防治"十三五"规划中，为控制汞的使用和排放提供政策保障。三是已申请 3 000 多万美元的全球环境基金和

双边政府资金，围绕清单试点、技术研发、对策研究、宣传培训等实施了近 20 个国际合作项目，为下一步编制履约国家实施计划奠定了基础。四是启动了"国家环境保护汞污染防治工程技术中心"的筹建工作，围绕履约及政策标准研究、技术研发、工程及成果转化、基础环境问题研究、国际交流和人才培养等五大功能平台建设，特别是围绕控汞关键通用技术开展了大量研发和示范工作。

二、当前主要工作任务

汞公约对汞供应与贸易、添汞产品、用汞工艺、大气汞排放、汞废物、污染场地等方面做出了明确的规定。

根据公约要求，当前主要工作任务包括：

（一）加强原生汞矿开采监管

公约生效后停止新建原生汞矿，推动现有原生汞矿逐步关停，鼓励现有原生汞矿开采企业采用先进的采选冶技术及汞污染防治技术，降低环境风险。

（二）淘汰未申请豁免的添汞产品

制定添汞产品汞使用和排放清单及添汞产品淘汰计划，修订《部分工业行业淘汰落后生产工艺装备和产品指导目录》，将未申请豁免的添汞产品列入其中。完善《产业结构调整指导目录》。

（三）淘汰电石法聚氯乙烯汞触媒工艺

加强监督执法检查，2020 年将实现单位产品用汞量减少至 2010

年水平的一半。鼓励和支持技术可行和经济有效的超低汞触媒、无汞触媒、无汞技术路线的研发、应用，制定和实施全行业推广计划。

（四）加强汞排放和释放监管

制定国家汞排放和释放源清单，明确重点排放源和重点排放地区；编制国家大气汞排放 BAT/BEP 技术指南；制定大气汞排放和释放控制行动计划。加强对燃煤电厂、燃煤工业锅炉、有色金属冶炼（铅、锌、铜、工业黄金）、水泥生产、废物焚烧等大气汞排放重点企业的监测，研究严重超标企业或落后产能企业的退出机制；严格环评审批，对于在公约对我国生效后一年后新建的燃煤电厂、工业燃煤锅炉、有色金属冶炼（铅、锌、铜、工业黄金）、水泥生产、废物焚烧项目，要求采用 BAT/BEP 控制其大气汞排放。

（五）加强含汞废物和污染场地环境无害化管理

完善汞废物的无害化处置，提高汞回收利用水平。推进汞污染场地调查、评估和修复工作，提高汞污染场地无害化管理水平。

（六）加大宣传力度创造履约舆论氛围

协调相关部门制定公约宣传与公众意识提高计划，编制宣传、教育与培训材料，利用电视、报纸、杂志、网站及新媒体等形式进行宣传，加强有关部门与公众对公约以及汞危害的认识。面向决策层、管理部门、各涉汞行业、公众分别开展汞危害、替代产品技术等宣传教育活动。